?

'어떻게 보느냐'가 '어떤 세상인가'를 결정한다

라면
교양

내가 유전자 쇼핑으로 태어난 아이라면?

초판 1쇄 발행 2008년 10월 20일
21쇄 발행 2025년 7월 21일

지은이 정혜경

펴낸이 고영은 박미숙
펴낸곳 뜨인돌출판(주) | 출판등록 1994.10.11.(제406-251002011000185호)
주소 10881 경기도 파주시 회동길 337-9
홈페이지 www.ddstone.com | 블로그 blog.naver.com/ddstone1994
페이스북 www.facebook.com/ddstone1994 | 인스타그램 @ddstone_books
대표전화 02-337-5252 | 팩스 031-947-5868

ISBN 978-89-5807-237-9 04470
ISBN 978-89-5807-236-2 (세트)

라면 교양 03

다가오는 생명공학 시대의 윤리 찾기

내가 유전자 쇼핑으로 태어난 아이라면

정혜경 지음

뜨인돌

• 차례

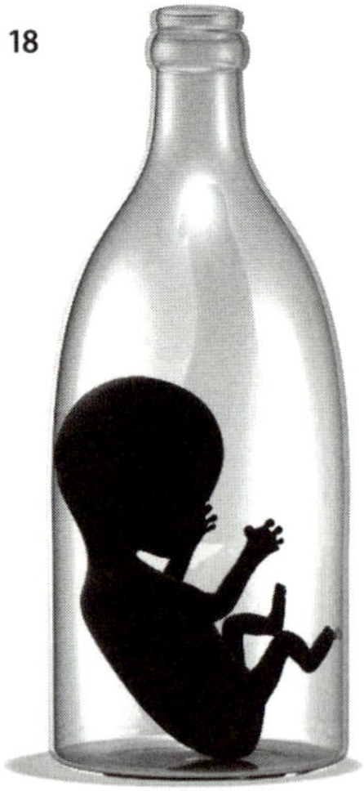

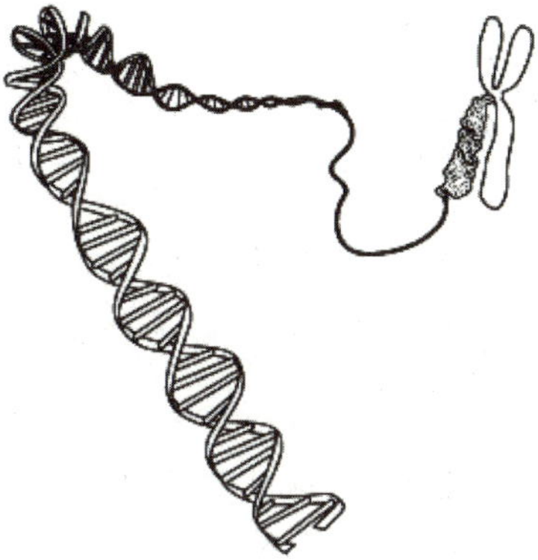

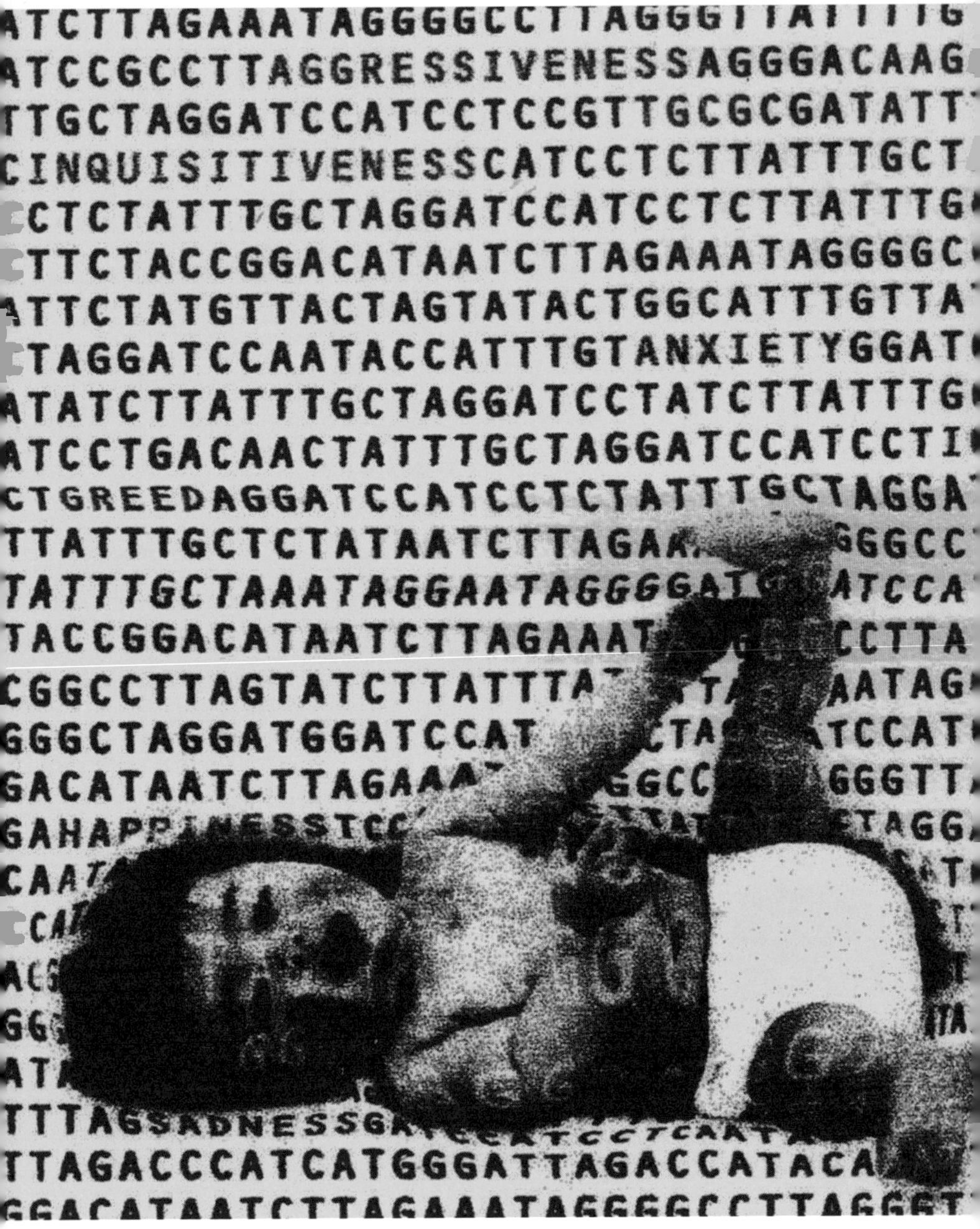

ATCTTAGAAATAGGGGCCTTAGGGTTATTTTG
ATCCGCCTTAGGRESSIVENESSAGGGACAAG
TTGCTAGGATCCATCCTCCGTTGCGCGATATT
CINQUISITIVENESSCATCCTCTTATTTGCT
CTCTATTTGCTAGGATCCATCCTCTTATTTG
CTTCTACCGGACATAATCTTAGAAATAGGGGC
ATTCTATGTTACTAGTATACTGGCATTTGTTAT
TAGGATCCAATACCATTTGTANXIETYGGAT
ATATCTTATTTGCTAGGATCCTATCTTATTTG
ATCCTGACAACTATTTGCTAGGATCCATCCTI
CTGREEDAGGATCCATCCTCTATTTGCTAGGA
TTATTTGCTCTATAATCTTAGA
TATTTGCTAAATAGGAATAGGGG
TACCGGACATAATCTTAGAAAT
CGGCCTTAGTATCTTATTTA
GGGCTAGGATGGATCCAT
GACATAATCTTAGA
GAHAPP
TTTAG
TTAGACCCATCATGGGATTAGACCATACA

빈센트, 엄마 아빠와 동생의 유전자 쇼핑에 나서다

어느 클리닉의 상담실. 한 부부가 아이의 손을 잡고 들어온다. 약간은 긴장한 모습이다. 의사는 편안함을 주는 미소로 이들에게 의자를 권하고, 무언가가 담겨 있는 접시를 현미경 위에 놓는다. 그사이 부부는 아이가 잠시 혼자 놀 수 있도록 장난감이 있는 구석으로 데려다 주고 의사 앞에 앉는다. 현미경에 연결된 스크린에 접시의 내용물이 확대되어 떴다. 의사가 화면을 가리키며 말한다.

"아내 분의 난자는 남편 분의 정자와 성공적으로 수정되었습니다."

부부가 안도하며 기쁨을 나눌 수 있도록 의사는 잠시 기다린다. 그러고는 이내 설명을 계속한다.

"유전학적으로 볼 때 두 명의 아들과 두 명의 딸이 남았습니다. 이들에게는 아무런 유전적 병이 없습니다. 이제 남은 것은 선택뿐입니다. 먼저 성별을 정해야겠죠. 아들로 할지 딸로 할지 생각해 보셨나요?"

의사의 질문에 아내는 남편의 얼굴을 한번 쳐다보고 또박또박 얘기한다. 아마도 미리 부부가 의논해서 결정을 내렸으리라.

"우리는 빈센트에게 남동생이 있었으면 좋겠어요."

아내는 구석에서 혼자 놀고 있는 아이를 쳐다보며 말한다.

"같이 놀 수 있게요."

"물론 그럴 수 있지요. 안녕, 빈센트?"

의사는 미소를 지으며 아이에게 인사한다. 아이 이름이 빈센트인가 보다. 의사의 설명은 계속된다.

"담갈색의 눈, 검은 머리, 그리고 밝은 색 피부를 원하셨죠? 제가 볼 때 예상되는 병들은 뿌리째 뽑았습니다. 대머리, 근시, 알코올 중독증…."

마치 새로 나온 가전제품을 고객에게 설명하느라 바쁜 세일즈맨 같다. 부부는 잠자코 서로를 바라본다. 하고 싶은 말이 있는 듯한데, 의사는 여전히 자기 할 말만 하느라 바쁘다.

"폭력적인 경향, 비만, 그리고 기타 등등…."

"선생님, 병은 물론 싫지만…."

남편이 마침내 결심한 듯 입을 뗀다.

"아무래도 몇 가지는 그냥 놔두는 것이 좋을 듯해요."

TACAAATTACATTAGAGCTAGGTCCATCTTAT
GATCCATCCTCTTATTTGCTAGGATCCATCTA
ATCCATCCTCTTATTCTACCGGACIMPULSIV
TCTTAGAAATAGGGGCCTTAGGGTTATTTTGC
TCCGCCTTAGGRESSIVENESSAGGGACAAGA
TGCTAGGATCCATCCTCCGTTGCGCGATATTT
INQUISITIVENESSCATCCTCTTATTTGCTA
CTCTATTTGCTAGGATCCATCCTCTTATTTGC
TTCTACCGGACATAATCTTAGAAATAGGGGCC
TTCTATGTTACTAGTATACTGGCATTTGTTAT
TAGGATCCAATACCATTTGTANXIETYGGATC

용기는 냈지만 자신 있는 목소리는 아니다. 의사도 남편의 목소리에 담긴 망설임을 눈치챈 모양이다. 그래서 더욱 강한 어조로 대꾸한다.

“아이에게 제일 좋은 삶을 살게 해야죠.”

잔잔하지만 치명적인 설득이다.

“절 믿으세요. 우리에겐 온전하지 않은 부분이 많지요. 아이에게 부담을 줘서는 안 돼요. 어쨌든 아이는 유전적으로 당신들을 닮아요. 제일 좋은 것들만요. 자연적으로 아이 갖기를 천 번 한다 해도 이런 결과는 얻을 수 없을 겁니다.”

영화 〈가타카GATTACA, 1998〉의 한 장면을 재구성.

축복받은 영희와 철수

영희는 태어날 때 두 가지 행운을 타고났다. 첫째는 부모님이 부자라는 점이고, 둘째는 그분들이 자식의 유전자를 쇼핑하는 데에 아무런 거리낌이 없는 '개방적이고 실리적인' 사고의 소유자라는 점이다.

영희가 태어난 미래의 세계에서는 유전자 쇼핑을 통해 장차 태어날 아이의 특징을 조작하는 기술이 널리 보급되어 있었다. 그렇다고 아이가 어떤 모습을 하고 어떠한 생각을 지닐지 100퍼센트 알 수는 없지만, 적어도 유전자를 통해 긍정적인 영향을 줄 수는 있었다. 예를 들어 기억력과 관련된 유전자를 조작하여 아이가 훌륭한 암기력을 지닐 가능성을 높인다면, 그 아이는 경쟁에 유리한 조건을 지니고 태어나는 셈이다. 단 아이가 자라면서 게으름이나 반항심으로 인해 자신의 조건을 낭비하지 않는다면 말이다.

다행히 영희는 매우 부지런하고 매사에 적극적이었기에, 머리만 믿고 노력은 하지 않는 게으른 수재들과 달리 학교에서 아주 우수한 성적을 거두었다. 그러나 실은 이 역시 100퍼센트 영희의 노력 덕분은 아니었다. 부모님은 영희의 유전자를 쇼핑할 때 주의력과 환경 적응력을 높일 수 있는 유전자까지 함께 구입했던 것이다.

영희의 부모님은 영희에게 유전자 쇼핑 시술을 시켜 줄 수 있음은 물론, 웃돈을 주고 아주 양질의 유전자를 구입할 수 있을 만큼 부자였다. 그러나 단지 이것만으로 영희가 행운아였다고 말하는 것은 아니다. 만일 영희의 부모님이 종교적 또는 개인의 신념(내지는 고집)에 의해 유전자 쇼핑에 반대했다면, 그래서 아이가 자연의 순리에 따라 태어나기를 원했더라면, 영희는 지금과 다른 모습일지도 모른다. 실제로 영희의 친구들 중에는 부자 부모를 두고도 부모가 유전자 쇼핑에 거부감을 가진 탓에 자연스러운 방식으로 태어난 아이들이 몇 명 있다. 물론 부모님이 가난해서 유전자 쇼핑 시술을 받지 못한 채 태어난 또래 친구들도 많이 있었다. 영희는 확실히 그들보다는 머리가 좋은 편에 속한다. 앞으로도 지금처럼만 한다면 영희는 학업 경쟁, 그리고 취업 경쟁에서 그들을 이기고 좋은 대학과 직장을 잡는 데 유리한 위치에 설 것이다.

철수도 영희처럼 태어나기 전에 유전자 쇼핑 시술을 받았지만 영희와는 동기가 조금 다르다. 철수의 부모님이 면역체계 장애를 일으킬 수 있는 유전인자를 가지고 있었기 때문에, 철수도 같은 장애를 지니고 태어날 확률이 99퍼센트에 달했다. 예전 같으면 철수의 부모님은 자신들의 유전적 결함을 저주하며 아예 아이를 낳지 않거나, 아니면 무리하게 아이를 낳았다가 그 아이가 평생 동안 면역체계 장애에 시달리며 살아가는 모습을 두 눈으로 지켜봐야 했을 것이다. 아니, 질병에 대항할 힘이 없는 철수는 십중팔구 철수의 부모님보다도 먼저 세상을 떠났을 것이다. 그러나 부모님은 가만히 앉아서 철수의 운명을 받아들이는 대신 빚을 내서 유전자를 쇼핑했다. 그래서 철수가 '배아(아기가 발생하는 초기 단계)' 일 때, 면

면역체계

면역체계는 병원체나 종양세포와 같은 질병의 원인에 몸이 대항하는 과정을 일컫는다. 면역체계에 이상이 생기면 가벼운 감기로도 죽을 수 있다.

역체계 장애를 일으킬 수 있는 유전자를 덜어내고 그 자리에 정상적인 유전자를 끼워 넣을 수 있었다. 그 결과 철수는 여느 아이들처럼 건강하게 태어났다. 철수는 앞으로 다른 병에 걸릴지는 모르지만, 적어도 애초에 우려했던 면역체계 장애로부터는 안전해진 것이다. 유전자 쇼핑은 철수에게 건강을 안겨 주었다.

영희가 이대로 잘 자라 어른이 되어서 성공한다면, 그리고 철수가 여전히 어른이 되어서도 건강하다면, 이 둘은 자신에게 내려진 유전자 쇼핑이라는 축복에 진심으로 감사해야 할 것이다. 단 하나님을 향해서가 아니라 생명공학이라는 새로운 시대의 '신'과, 그 신을 충실히 따른 자신의 부모님께 말이다.

성공적인 유전자 쇼핑을 통해 태어난 영희와 철수의 미래를 축복하며

또 다른 영희와 철수의 암울한 일상

여기 또 다른 영희와 철수가 있다. 이들은 앞의 영희나 철수와 달리 유전자 쇼핑의 혜택을 받지 못했다. 이러한 차이는 그들의 미래에 메우기 힘든 간극을 가져왔다.

신에 대한 믿음이 독실했던 영희의 부모님은 인간이 감히 스스로의 모습과 특징을 조작하려 한다는 것에 분개하고 우려를 품었다. "하나님의 행하시는 일을 보라 하나님이 굽게 하신 것을 누가 능히 곧게 하겠느냐"(전도서 7장 13절). 영희의 부모님은 이 말을 굳게 믿었다.

테크놀로지의 힘을 빌려 아이에게 확실한 건강을 주는 것도 좋은 선택일 수 있겠으나, 마치 공장에서 제품의 옵션을 고르듯이 아이의 특징을 미리 골라내기란 차마 내키지 않았다. 태어날 영희는 바로 자신들의 사랑하는 자식이었다. 어떤 기준에 맞아서가 아니라, 자신의 아이로 세상에 나온다는 것 자체가 중요하기 때문에 어떠한 경우에도 사랑과 정성으로 보살피리라고 다짐했다. 이러한 부모님의 마음 덕분인지 영희는 별다른 이상 없이 건강하게 태어났다. 누구나 하는 잔병치레 정도는 겪었지만 건강하게 무럭무럭 자라났다. 영희의 부모님은 자신들의 선택이 옳았음에 안도의 한숨을 내쉬었다.

그러나 언제부턴가 영희와 또래 아이들과의 차이점이 눈에 띄기 시작했다. 학교에서 남들과 똑같이 노력하고 연습해도, 영희는 다른 아이들보다 늘 한발 처졌다. 이해력도, 기억력도 모두 주위 아이들에 비해 신통치 않았다. 영희 부모님은 자신들이 자랄 때와 비교해 영희의 학습능력이 특별히 떨어진다고 생각해 본 적이 없었다. 그러나 적어도 주위의 아이들과 비교한 결과는 그러했다. 영희는 점차 자신감을 잃어 갔고 영희의 부모님은 왜 영희가 유독 처지는지 이유를 알 수 없어 답답했다. 주변 아이들 대부분이 유전자 쇼핑을 통해 태어났다는 사실을 알게 되기 전까지는 말이다.

물론 유전자 쇼핑이 만병통치약은 아니다. 사람의 지적인 능력이나 학습성과에 후천적인 요인들이 끼치는 영향도 크다. 유전자 쇼핑은 누군가를 천재로 만들어 주는 것이 아니라 아이들의 지적 소질을 평균적으로 상승시켜 줄 뿐이다. 가령 유전자 쇼핑을 거친 아이들의 기억력이 그렇지 않은 아이들에 비해 평균적으로 약 20퍼센트 높다든지 하는 식으로 말이다. 그런데 모두가 비슷하게 노력하고 누군가의 성장환경이 심하게 열악하지 않은 이상, 선천적 능력만으로도 결과에는 큰 차이가 나타났다.

고심 끝에 부모님은 영희를 운동부로 데려갔다. 공부가 아니라 운동에서 소질을 계발할 수 있지 않을까 하는 희망 때문이었다. 그러나 그곳 역시 유전적 강자들의 각축장이 된 지 오래였다. 월등한 근육량을 지니도록 설계된 유전자를 타고난 아이, 산소운반능력을 강화하여 지구력이 탁월해진 아이 등등. 스포츠의 세계는 이미 유전자 쇼핑 없이는 살아남기 힘든 곳이 되어 있었다. 이곳을 지배하는 법칙 역시 간단했다. "누구나 열심히 한다. 그렇다면 좀 더 좋은 자질을 타고난 자가 유리하다."

영희의 부모님은 비로소 후회했다. 영희가 태어나기 전, 생명공학이라는 새로운 시대의 신에게 귀의하지 않은 것을 말이다. 영희에게 유전자 쇼핑이라는 선물을 안겨 줬다면 영희의 앞날은 찬란한 축복으로 가득할 수 있었을 텐데…. 그러한 기회를 차버린 부모를 영희가 원망하고 있지는 않을까 싶어 영희의 부모는 밤을 새워 울었다.

유전자 쇼핑을 거부한 탓에 일어난 영희의 비극과는 반대로, 철수의 비극은 그 장밋빛 미래를 좇다가 일어났다. 철수의 부모님은 철수가 육체적·정신적으로 완벽한 자질을 타고나길 바랐기 때문에 유전자 쇼핑을 선택했다. 그것은 부모로서의 욕심이기도 했지만, 무엇보다도 철수가 성공과 행복의 기회를 많이 얻기를 바라는 마음에서였다. 의사가 세운 정밀한 계획에 의해 철수의 유전자는 배아 단계에서 조작되었다. 즉, 유전자의 어떤 부분은 덜어내고, 그 빈자리는 원하는 형질을 일으키는 새로운 유전자 조각으로 채웠다. 예를 들어 알코올 중독을 일으킬 가능성이 있는 유전자가 자리하고 있다면, 그 부분을 들어낸 다음 알코올에 의존적이지 않은 성격을 일으킬 다른 유전자를 끼워 넣었다. 시술은 성공적이었으며 이후 검사에서도 특별한 이상은 발견되지 않았다. 철수는 엄마의 뱃속에서 무럭무럭 잘 자라나 건강하게 태어났다.

그런데 철수가 태어난 후에 문제가 발견되었다. 철수의 면역체계에 이상이 있어 질병에 제대로 저항하지 못한다는 사실이 밝혀진 것이다. 의사는 철수의 유전자를 재검사했지만, 철수의 면역체계를 담당하는 유전자에는 아무 이상이 없었다.

오랜 고민과 수차례의 재검사 끝에, 유전자 쇼핑 시술 과정에서 유전자

미지의 부분, 인트론intron

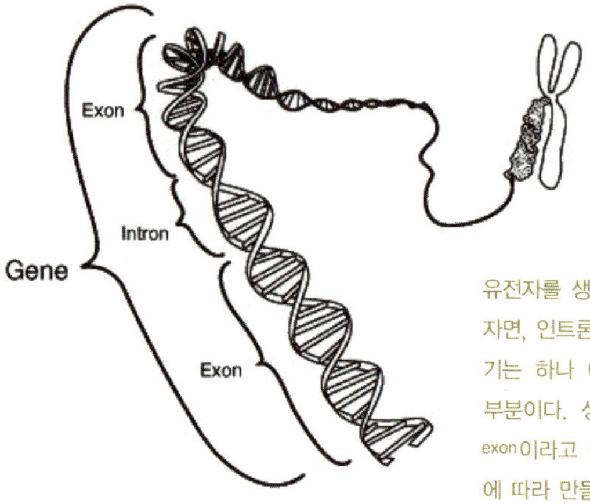

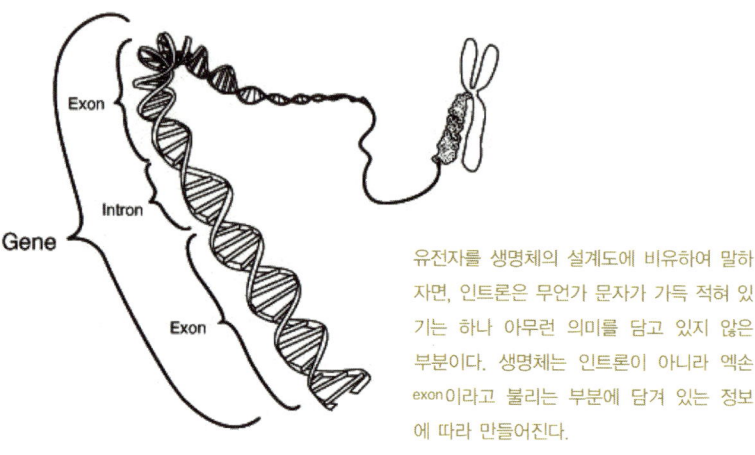

유전자를 생명체의 설계도에 비유하여 말하자면, 인트론은 무언가 문자가 가득 적혀 있기는 하나 아무런 의미를 담고 있지 않은 부분이다. 생명체는 인트론이 아니라 엑손exon이라고 불리는 부분에 담겨 있는 정보에 따라 만들어진다.

의 인트론intron이라 불리는 부분 중 일부가 예기치 못하게 바뀌었음이 확인되었다. 인트론은 유전자의 대부분을 차지하는 이른바 정크junk DNA에 해당하는 부분이다. 인트론은 유전자 내에서 자리만 차지할 뿐 아무런 유전정보도 담고 있지 않지만 무언가 역할이 있을 것으로 추측되어 왔다. 이번 경우에도 인트론에 변화가 있었음을 안다 뿐이지, 그것이 철수의 면역체계 장애를 가져온 직접적인 원인인지는 알 수 없다. 비록 인간이 생명공학의 힘을 빌려 자신의 유전자를 조작하고 있지만 아직까지 밝혀내지 못한 부분 역시 많기 때문이다.

어쨌든 면역체계 이상 때문에 철수에게는 사소한 병균도 치명적일 수 있다. 병균들은 직접적인 접촉은 물론, 공기로부터도 감염될 수 있다. 그래서 철수는 이제부터 멸균 처리된 집 안에서 살아가야 한다. 철수에게 정상적인 유전자를 삽입하여 치료하는 방법도 있지만, 이 역시 쉽지 않다.

부작용이 어떻게 일어났는지 정확하게 모르는 상태에서의 치료는 위험한 도박이기 때문이다. 치료 도중에 또 다른 부작용이 일어나서 철수의 생명이 더욱 짧아질 위험도 있다. 철수의 출생 선물로 우수한 유전자를 안겨 주겠다는 욕심에 눈이 멀어, 아직 완전하지 않은 생명공학이라는 새 시대의 신을 과신했던 철수의 부모는 깊은 후회와 절망에 빠졌다.

영희의 험난한 앞날과 철수의 힘겨운 하루하루는 모두 생명공학이라는 새로운 시대의 '신'과 관련하여 발생한 비극이다. 하나는 그 신을 따르지 않았기 때문에 발생했다면, 다른 하나는 그 신을 너무나 따랐기 때문에 벌어진 일이라는 차이가 있지만 말이다.

유전자 쇼핑 시대의 희생자, 영희와 철수의 미래를 슬퍼하며

1

유전자를 쇼핑하는 시대, 과연 올 것인가?

"아이에게 제일 좋은 삶을 살게 해야죠."

유전자 클리닉을 찾은 부부에게 의사가 던진 짧지만 강렬한 이 말은 필요한 유전자를 마음대로 구입하는 행위, 즉 유전자 쇼핑에 대한 유혹으로부터 누구도 자유로울 수 없을 것임을 보여 준다. 자식이 보다 건강하고 능력 있게 태어나 세상을 살아갈 수 있다는데 거부할 부모가 어디에 있겠는가?

그러나 아직까지 유전자 쇼핑은 현실이 아니라 미래의 가능성일 뿐이다. 따라서 유전자 쇼핑을 찬성하느냐 반대하느냐를 고민하기에 앞서, 그 가능성에 대한 점검이 우선되어야 할 것이다.

본 장에서는 유전이란 무엇이며 그에 대한 인류의 지식은 어떻게 발전해 왔는지, 유전공학은 어떤 이유로 우리의 삶을 통째로 바꾸어 놓을 잠재력이 있다고 평가받는지, 유전공학이 꿈꾸고 있는 미래는 과연 무엇인지에 대해 살펴본다.

왜 유전자인가?
생명의 복제와 유전의 주인공들

영화 〈가타카〉에 등장하는 의사는 도대체 무슨 근거로 아직 태어나지도 않은 아이의 신체적·정신적 특징을 예상할 수 있었던 것일까? 한술 더 떠서, 어떻게 원하는 특징의 아기를 골라 낳을 수 있다고 자신하는 것일까? 이에 대한 해답을 찾기 위해 유전이 무엇이며, 유전자는 유전과 관련하여 어떠한 역할을 하는지를 먼저 살펴보기로 하자.

무엇이 '나'를 후손에게 전달할까?

생명이란 과연 무엇일까? 명확하게 정의하기란 쉽지 않다. 다만 생명 또는 생명체의 중요한 특징 중 하나는 자신의 모습을 후세에 전한다는 것, 즉 자신을 닮은 자손을 복제해 낸다는 것이다. 이렇게 생명체가 자신과 같은 개체를 복제하여 그 종을 유지하는 현상을 생식이라 한다. 생식은 무생물과 달리 생명만이 가지고 있는 중요한 특징이다. 생식을 통한 생명의 복제는 단순히 또 하나의 개체를 만들어 내는 데 그치지 않고, '자신을 닮은' 개체를 만들어 낸다. 여기서 '닮았다' 라는 말은 자신이 속한

종種 · 개체個體 · 형질形質

셀 수 있는 생명체 하나를 개체라고 부른다. 인간도 하나의 개체, 파리 한 마리도 하나의 개체다. 개체와 관련하여 중요한 개념은 '종'으로, 이것은 생물의 종류를 의미한다. '인간', '개', '닭', '파리' 등 종류가 같은 생물을 묶어 부르는 단위가 종이다. 이 글을 읽는 독자 한 사람 한 사람은 인간이라는 '종'에 속하는 하나의 '개체'이다.
형질은 어떤 생명체가 지니고 있는 모양이나 속성 등의 특징을 말한다. 피부색, 키 등의 외형적인 특징뿐 아니라 지능, 성격 등 내적인 특징까지 형질이라 할 수 있다. 형질이란 단어 자체는 유전적 특징뿐 아니라 후천적 특징까지 포함하지만 보통은 유전형질genetic character을 일컫는 경우가 많다. "누구의 형질이 어떻다"라는 말은 "누구가 부모로부터 물려받은 특징이 어떻다"라는 의미로 보면 된다.

종의 형질은 물론이고 한걸음 더 나아가 부모 개체의 특징을 물려받는다는 의미다. 즉, 인간의 아기는 원숭이나 개가 아닌 인간의 형질을 가지고 태어날 뿐만 아니라, 인간 중에서도 특히 부모를 닮는다. 이렇게 자식이 부모의 특징을 물려받는 것을 유전이라고 한다.
그렇다면 여기서 질문 하나. 유전은 어떠한 경로를 통해 이루어질까? 자식이 부모의 특징을 물려받았다는 것은, 부모가 자신의 특징을 무언가에 담아 자식에게 전해 주었다는 뜻일 것이다. 부모로부터 자식에게 전해지는 것은 과연 무엇일까? 유전을 담당하는 실체는 어디에 있으며, 어떤 방법으로 자손에게 유전형질이 전달될까? 이것이 바로 과학자, 그리고 인류가 유전과 관련하여 끈질기게 던진 질문이었다.

멘델 왈(曰), "유전을 담당하는 인자가 존재한다"

최초로 유전을 담당하는 특수한 인자가 있을 것이라고 주장한 사람은 오

유전학의 아버지 멘델, 실은 수도사였답니다

유전학의 아버지 멘델은 완두콩의 숫자 비율이 자신의 유전법칙에 맞을 때까지 다른 실험 결과는 계속 무시했다. 그럼에도 불구하고 과학적으로 중요한 지식을 만든 것은 엄청난 자료의 홍수 속에서 쓸모없는 것은 버리고 의미 있는 것은 취하는 천재성 때문일까? 왼쪽은 1984년에 오스트리아에서 발행된 멘델 기념 우표다.

스트리아의 수도사인 멘델Gregor Mendel이다. 수도사라는 직책과는 다소 어울리지 않게 유전 연구에 매달렸던 멘델은 완두콩을 교배하여 종자마다 어떤 유전형질을 가지고 있는지, 어떤 경우 잡종이 나오는지 등을 파악했다. 그는 수 세대의 완두콩을 재배하면서 모양이 주름진 것과 둥근 것, 또는 색깔이 노란색인 것과 초록색인 것으로 나누는 등 완두콩을 형질에 따라 분류하고, 형질별로 그 수량을 기록하여 치밀한 실험을 했다. 완두콩 교배 실험 결과를 통해 멘델은 부모 세대가 지닌 개별 인자의 차이가 다음 세대에서 형질의 다양성을 낳는다는 사실을 발견하였다. 이때 생물의 형질은 전혀 혼합되지 않고 독립적으로 자손에게 전달된다. 색깔은 색깔대로, 크기는 크기대로 전달되며, 부모 양쪽의 형질이 만나 자손의 형질이 결정된다는 것이다. 이것이 의미하는 바는 명료했다. 유전은 보이지 않는 개별 인자가 부모로부터 자식에게 전달됨으로써 이루어진다. 부모의 몸에서 쌍을 이루는 인자가 둘로 분리되어 한쪽씩 나와 결합함으로써 양친과는 비슷하지만 완전히 같지는 않은 새로운 개체, 즉 자식을 만든다는 것이다. 이로써 그동안 막연하게 이해되던 유전이라는 현상의 실체가 과학적 메커니즘에 의해 설명되기 시작했다.

유전자 속으로 가까이, 더 가까이

멘델이 주장했던 '부모로부터 자식에게 전해져 형질의 유전을 일으키는 인자'는 오늘날 '유전자'라고 불린다. 유전자는 생명체의 구조와 형질을 담고 있는 일종의 설계도라 할 수 있다. 모든 생명체는 유전자의 내용을 본떠 만들어진다. 인간이 원숭이와 다른 것도, 같은 인간이라도 너와 나의 생김새와 특징이 다른 것도, 유전자에 크고 작은 차이가 있기 때문이다. 그렇다면 과연 이 유전자들은 어디에 존재할까? 생명체 어딘가에 존재할 것이라는 추상적인 얘기만으로는 부족했다. 과학자들이 탐구를 계속하던 중 마침 19세기 말과 20세기 초에 현미경 기술이 발달되어 세포의 내부구조를 크게 확대해 볼 수 있게 되었다. 이를 계기로 학자들은 유전자의 실체를 찾아 세포 속으로 더욱 깊숙이 파고들어 갔다.

미생물이든 식물 혹은 동물이든 생명체는 '세포'로 이루어져 있다. 그리고 세포 내부에는 '세포핵'이 자리 잡고 있다. 현미경으로 세포핵을 정교하게 관찰한 결과 내부에서 실처럼 생긴 구조물이 발견되었는데, 이것이 바로 '염색체'이다. 과학자들의 관찰과 실험 결과, 염색체가 부모의 유전자를 자식에게 전달하는 운반물질이라는 것이 밝혀졌다. 유전자가 염색체에 위치한다면 그것은 과연 어떤 물질로 이루어져 있을까? 유전자를 이루는 물질의 정체는 바로 'DNA'이다. 1869년 스위스의 화학자 미셰르Johann F. Miescher에 의해 발견된 DNA는 핵 속에 존재하는 산성물질이라는 의미에서 핵산nucleic acid이라고 불리기도 한다. DNA는 당 · 인산 · 염기가 1:1:1의 비율로 결합되어 있는 뉴클레오티드nucleotide라는 화합물이 차곡차곡 포개어 합쳐져 이뤄진 폴리뉴클레오티드(여러 개의 뉴클레오티드)라는 사슬 두 개가 나선형을 이루며 결합한 것이다. 그래서 DNA는 이중나선구조를 이루고 있다고 얘기한다.

여기서 중요한 것은 DNA를 이루는 두 개의 뉴클레오티드 사슬, 즉 폴리뉴클레오티드는 특정한 패턴을 가지고 결합한다는 점이다. 뉴클레오티드를 구성하는 당과 인산은 한 종류밖에 없으나 염기에는 아데닌adenine · 티민thymine · 구아닌guanine · 시토신cytosine이라는 네 가지 종류가 있다. 두 개의 폴리뉴클레오티드 사슬이 DNA를 구성할 때 각각의 사슬에 속한 뉴클레오티드끼리 서로 한 층씩 마주 보며 결합하는데, 이때 한쪽 사슬의 아데닌은 다른 쪽의 티민과, 구아닌은 시토신하고만 짝을 지어 결합한다.
이는 DNA의 두 나선이 상보적이라는 것, 즉 한쪽 사슬의 염기를 알면 다른 한쪽의 염기는 자동적으로 알 수 있다는 점을 보여 준다. 예를 들어 아데닌(A)은 티민(T), 구아닌(G)은 시토신(C)하고만 결합하기 때문에 한쪽 사슬의 염기가 위에서부터 A-C-G-C-A로 배열되어 있다면 반대쪽 사슬의 염기는 T-G-C-G-T로 배열되어 있음을 알 수 있다. DNA의 폴리뉴클레오티드 사슬들이 보여 주는 이러한 상보성은 바로 생명 복제와 유전의 비밀을 푸는 열쇠가 되었다.

DNA의 이중나선구조

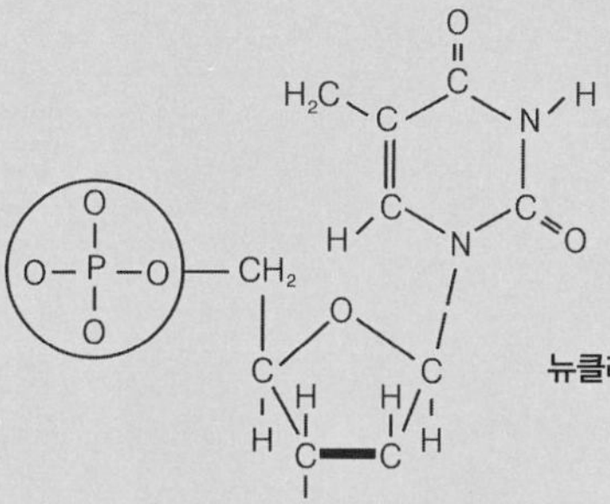
뉴클레오티드

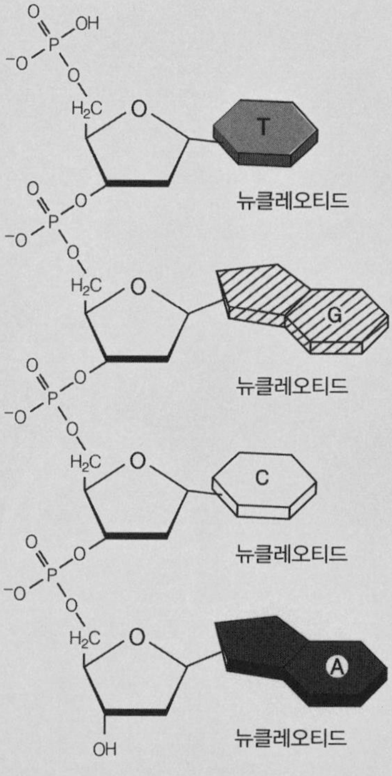
뉴클레오티드
뉴클레오티드
뉴클레오티드
뉴클레오티드
폴리뉴클레오티드

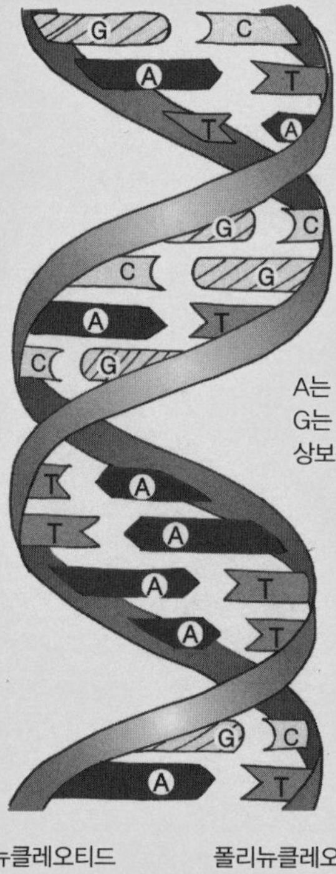
A는 T와
G는 C하고만 만나는
상보성이 있다
폴리뉴클레오티드
폴리뉴클레오티드
DNA

세포의 구조와 DNA의 복제 과정

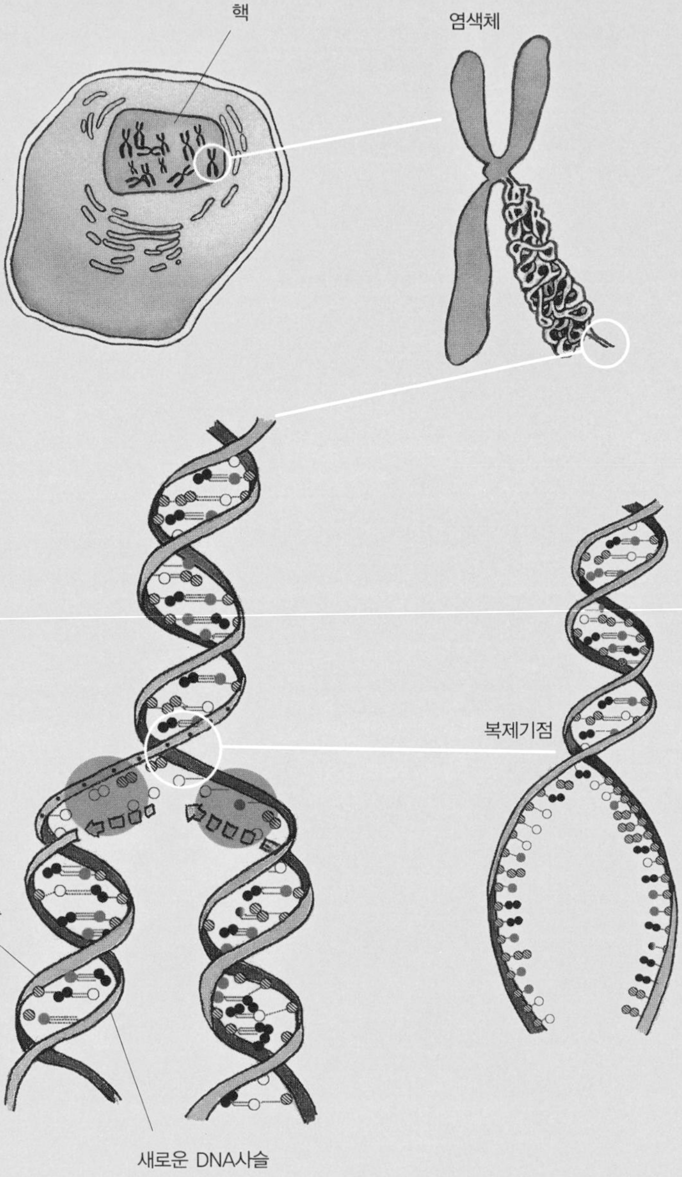

DNA 이중나선구조를 밝혀낸 왓슨과 크릭

왓슨은 미국의 생물학자로 일찍이 DNA의 중요성을 알아차렸다. 영국 태생의 크릭은 본래 물리학자로 물질의 외적인 구조와 형태를 탐사하는 결정학 연구가 주특기였다. '과학사상 최강의 콤비'로 일컬어지기도 하는 이 둘이 DNA의 이중나선구조를 밝혀낸 것은 1953년으로, 당시 크릭(사진 오른쪽)의 나이 37세, 왓슨은 불과 25세였다.

DNA 설계도는 어떻게 복제되는가?

유전자는 몸의 어느 한 부분이 아니라 몸을 이루는 각 세포(체세포)에 존재한다. 세포 안에는 핵이 존재하며, 이 핵 속에 존재하는 염색체에 DNA가 자리하고 있음은 이미 살펴본 바 있다. 세포가 분열하여 우리의 몸이 만들어질 때 DNA 역시 복제되는 것이다. 왓슨James D. Watson과 크릭Francis H. Crick이 밝혀낸 이중나선의 상보적 구조는 DNA의 복제 메커니즘을 완벽하게 설명한다. DNA의 복제는 다음과 같은 순서를 따른다.

· DNA 복제 준비가 되면 DNA를 이루는 두 가닥의 사슬이 서로 떨어져 나간다.
· 두 개로 분리된 각각의 사슬을 따라 새로운 사슬이 만들어진다. 두 개의 사슬 중 한쪽의 염기서열에 따라 다른 한쪽의 염기서열은 자동적으로 정해지기 때문에, 사슬 하나만으로도 이전과 똑같은 DNA가 만들어진다.
· 그 결과 처음의 DNA와 동일한 DNA가 두 벌 얻어진다.

유전자 설계도에 따라 단백질 만들기

유전자, 즉 DNA에 담겨 있는 유전정보가 생명의 설계도 역할을 한다는 것은 DNA에서 염기가 배열되어 있는 순서(염기서열)에 따라 특정한 단백질이 만들어진다는 뜻이다. 우리 몸은 단백질에 의해 구성되고 지탱된다. 단백질은 몸의 각 기관을 구성하는 재료일 뿐 아니라, 몸속에서 일어나는 호흡·소화·배설·면역·신경활동 등의 화학적 반응을 수행하는 분자이기도 하다. 이런 중요한 기능을 수행하는 단백질을 만드는 데 필요한 모든 정보가 DNA의 염기서열에 담겨 있다. 바로 DNA의 염기서열에 따라서 단백질을 이루는 아미노산이 만들어지므로, 단백질에 의해 구성되는 우리 몸의 타고난 형질은 순전히 DNA의 염기서열에 달려 있는 것이다.

핵에서 DNA의 염기서열 정보를 주형 삼아 RNA(ribonucleic acid, 리보핵산)가 만들어지고, 다시 이 RNA는 세포질로 이동하여 단백질을 합성하는 주형 역할을 한다. 이로써 DNA 염기서열이 지니고 있는 정보는 중간 단계인 mRNA를 거쳐 단백질로 고스란히 전달된다.

유전자를 생명체의 설계도라고 부르는 이유는 명확해졌다. DNA에 염기서열의 형태로 저장되어 있는 유전정보(유전자)에 따라 단백질이 생성되고 이 단백질들이 합쳐져 생명체가 만들어지기 때문이다. 이로써 생명현상의 이해는 생명을 구성하고 지탱하는 물질에 대한 이해 없이는 불가능함이 한층 분명해졌으며, DNA 연구를 통해 분자생물학이라는 분야가 20세기를 주름잡게 되었다.

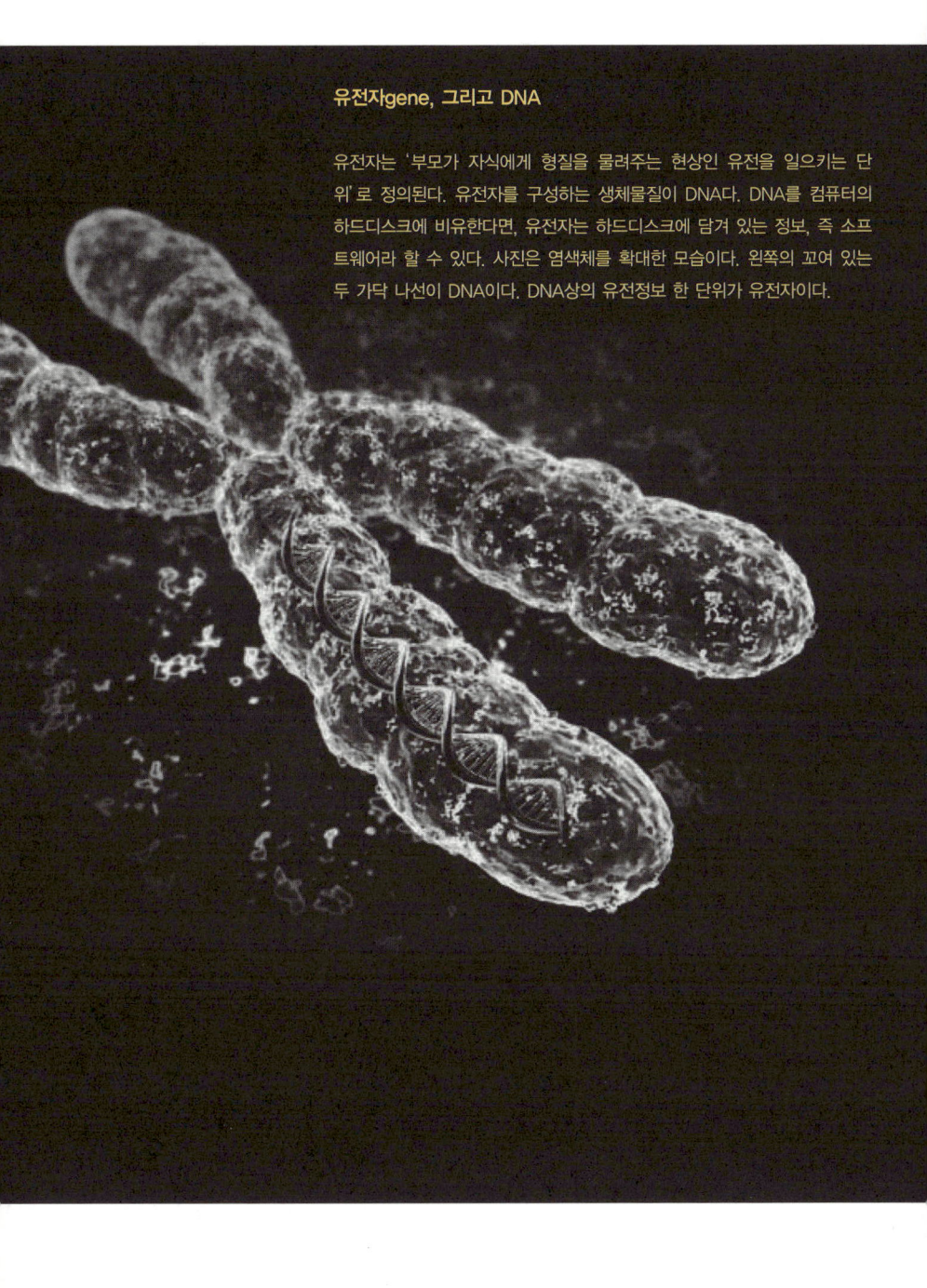

유전자gene, 그리고 DNA

유전자는 '부모가 자식에게 형질을 물려주는 현상인 유전을 일으키는 단위'로 정의된다. 유전자를 구성하는 생체물질이 DNA다. DNA를 컴퓨터의 하드디스크에 비유한다면, 유전자는 하드디스크에 담겨 있는 정보, 즉 소프트웨어라 할 수 있다. 사진은 염색체를 확대한 모습이다. 왼쪽의 꼬여 있는 두 가닥 나선이 DNA이다. DNA상의 유전정보 한 단위가 유전자이다.

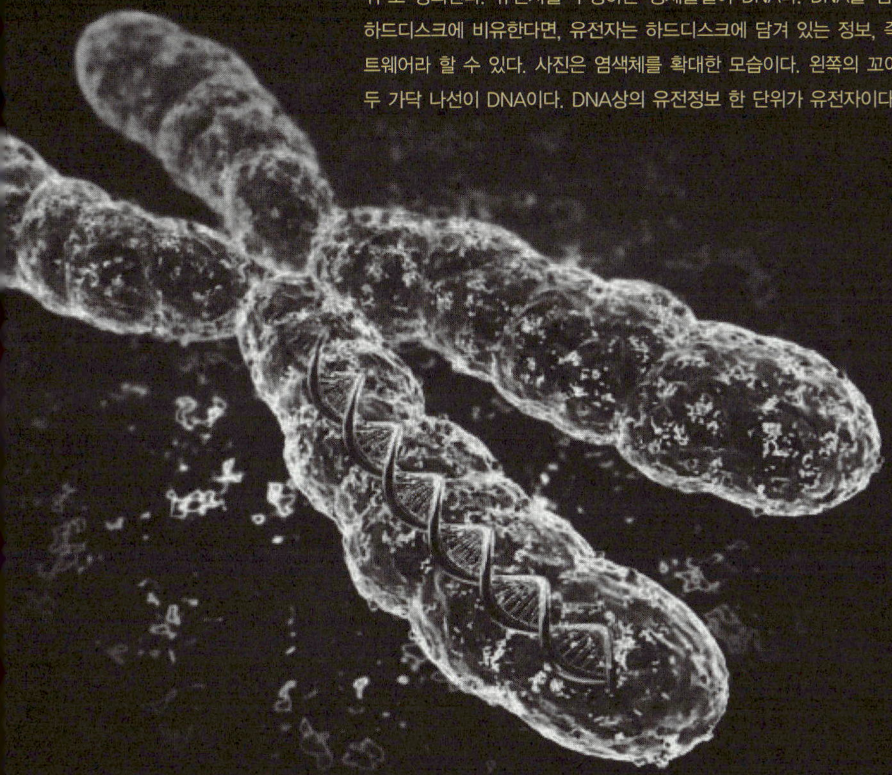

생명공학의 발전,
그 한계는 어디까지?

DNA에 대한 연구가 진척되면서 1970년대에는 DNA의 특성을 연구하는 수준을 넘어 DNA에 손을 대는 방향으로까지 진화하기 시작한다. 분자생물학자들은 유전물질인 DNA를 조작할 수 있는 다양한 기술을 개발했는데, 그중 대표적인 것이 바로 유전자 재조합 기술이다. 그리고 유전자 재조합 기술을 통해 생명체의 유전자를 조작하여 인간에게 유익한 결과를 얻는 기술을 유전공학이라고 한다. 유전자뿐만 아니라 생명현상 전반을 산업에 응용하는 생명공학 역시 눈부신 성장을 거듭해 온 결과, 인류는 유전현상을 스스로에게 이로운 방향으로 이용할 수 있는 다양한 기술을 갖추게 되었다.

유전정보를 판독하고 해독하라!

생명공학 기술, 그중에서도 유전공학 기술의 핵심은 생물의 유전자를 가공하여 인간에게 유익한 결과를 얻는 것이다. 생물의 유전정보는 DNA에 염기서열의 형태로 저장되어 있다. 이 염기서열에 따라 단백질이 만

유전공학이라 부를까, 생명공학이라 부를까?

생명공학은 생명에 대한 지식을 농업이나 의학, 또는 제조업 등에 응용하는 학문을 말한다. 그래서 생명공학=유전공학의 등식이 반드시 성립하지는 않지만 이 둘을 혼용하는 경우가 많다. 효모를 이용하여 맥주를 발효시키는 기술은 생명현상을 공학적으로 응용했으므로 생명공학에 포함되지만, 유전자나 DNA와는 관련이 없기에 유전공학이라고 부르지는 않는다. 굳이 따지자면 생명공학이 유전공학보다는 넓은 개념이며, 생명공학이 유전현상과 관련이 있거나 그에 적용되었을 경우 그것을 유전공학이라고 부를 수 있을 것이다. 이 책에서는 주로 유전공학을 다루지만, 뒤에서 다룰 줄기세포의 배양 등은 유전학뿐 아니라 발생학 · 세포학의 영역에도 속하므로 이를 묶어 생명공학이라는 포괄적인 용어를 사용하기로 한다.

들어지고, 단백질들이 결합되어 하나의 생명체를 만든다. 따라서 DNA 염기서열을 읽고 그 염기서열이 신체에 어떠한 영향을 미치는지 알 수 있다면, 특정 질병을 유발하거나 유해한 단백질을 만들어 내는 염기서열을 찾아내 미리 치료할 수 있을 것이다. 예를 들어 헌팅턴병Huntington's disease은 뇌 기능이 서서히 퇴화하여 모든 기억을 잃어 가는 끔찍한 신경질환이다. 이 병에 걸린 환자는 팔과 다리를 통제하는 능력을 잃고 발병 후 15~20년 이내에 죽음을 맞게 된다. 헌팅턴병에는 근본적인 치료약도 치료법도 없다. 그러나 유전자를 검사하면 적어도 이 병이 발병할 것인지 아닌지를 미리 알 수 있다. 헌팅턴병은 인간의 23쌍 염색체 중 4번 염색체 상에서 돌연변이 유전자가 있을 경우 나타난다는 사실이 밝혀졌기 때문이다.

이러한 예로부터 유전자를 통해 질병의 발병 여부, 더 나아가 개체의 형질을 예측하기 위해서는 두 가지 사항이 필요함을 알 수 있다. 첫째는 유전자의 염기서열을 읽어 내는 기술이다. 어떤 DNA 조각이 주어졌을 때 그 DNA의 염기서열을 ATTGA…, TTAGA… 하는 식으로 읽어 내는 기술이 필요하다. 이러한 기술을 편의상 유전정보의 판독 기술이라고 부르

분자 단위의 비밀 찾기, 분자생물학

분자생물학은 '생물의 구조와 기능을 과학적으로 연구하는 학문'이라고 간단히 설명되곤 하지만, 여기에 포함되는 학문 영역은 실로 방대하다. 분자생물학은 생명체 내부에서 일어나는 생명현상을 관련 물질들, 즉 DNA · 단백질 · 지질 등의 관점에서 연구한다. 생명현상을 연구하기 위해서는 이 물질들을 분자 수준까지 분해하여 연구하기 때문에 분자생물학이라고 부른다.

기로 하자. 두 번째는 DNA 염기서열의 내용이 형질에 미치는 영향을 밝혀내는 것이다. DNA의 염기서열을 고스란히 읽어 낸다 하더라도 그것이 의미하는 바를 알지 못한다면 그저 문자의 나열에 불과할 것이다. 가령 "4번 염색체 상에 있는 DNA의 어느 부위가 ATT…로 시작할 경우 그 사람은 특정한 병의 증세가 나타난다"라는 식으로, DNA 염기서열의 내용과 형질 사이의 '원인→결과 관계'를 규명하는 것이 필요하다. 이 노하우를 유전정보의 해독 기술이라고 부르기로 하자. 이를 책 읽기에 비유하자면, 유전정보의 판독은 글자의 음을 읽는 것이고, 해독은 글자를 음으로 읽을 뿐 아니라 그 의미까지 파악하는 것이다.

인간게놈프로젝트(Human Genome Project, 이하 HGP) 역시 인간 유전체(게놈)의 염기서열을 판독하여 기록으로 남기기 위한 것이다. 게놈genome이란 유전자gene와 염색체chromosome의 합성어로, 우리말로는 유전체遺傳體라고 한다. 게놈은 한 개체가 지닌 유전자(물질적으로는 DNA) 세트를 말한다. 그리고 인간의 23쌍의 염색체 안에 어떤 유전자가 어느 위치에 존재하는지, 이들 유전자(DNA)가 어떤 염기서열로 이루어져 있는지를 담은 지도가 바로 인간게놈지도이다. HGP는 이 인간게놈지도를 제작하기 위한 초대형 프로젝트였다. 인간의 염색체는 23쌍이지만, 그 위에 존재하는 DNA 염기서열의 수는 무려 30억 쌍에 이른다. 따라서 인간의 DNA

인간게놈프로젝트, HGP의 비하인드 스토리

HGP의 출범부터 완성에 이르기까지의 과정은 매우 극적이다. 원래 HGP는 미국 에너지성DOE: Department Of Energy과 국립보건원NIH: National Institutes of Health이 손을 잡고 시작하여, 이후 영국 · 프랑스 · 독일 · 일본을 비롯해 최종적으로 18개국이 참여하는 국제컨소시엄 프로젝트로 발전하였다. 본래 예상했던 2005년보다 완성이 앞당겨진 것은 정부와 민간기업이 치열한 경쟁을 벌인 결과이다. HGP가 한창 진행 중이던 1998년 생명공학벤처기업이던 셀레라 지노믹스Celera Genomics사는 인간의 유전자를 특허화하여 어마어마한 수익을 올릴 목적으로 독자적으로 인간게놈지도의 작성에 뛰어들었다. 셀레라 지노믹스사는 자체 개발한 '샷건shot gun'이라는 기법을 이용하여 당시 국제컨소시엄이 수행하고 있던 HGP보다 훨씬 빠른 속도로 인간게놈지도를 완성해 나가기 시작했다. 인간의 유전자를 영리의 대상으로 보는 민간기업에 뒤질 세라 HGP 컨소시엄 역시 박차를 가하여 경쟁이 붙게 되었다. 우여곡절 끝에 2000년 6월 HGP 컨소시엄과 셀레라 지노믹스는 공동으로 인간게놈지도 초안을 발표했으며, 2001년 2월에 인간게놈지도의 완성을 선포했다. 그림은 HGP를 통해 그려진 인간게놈지도의 일부이다.

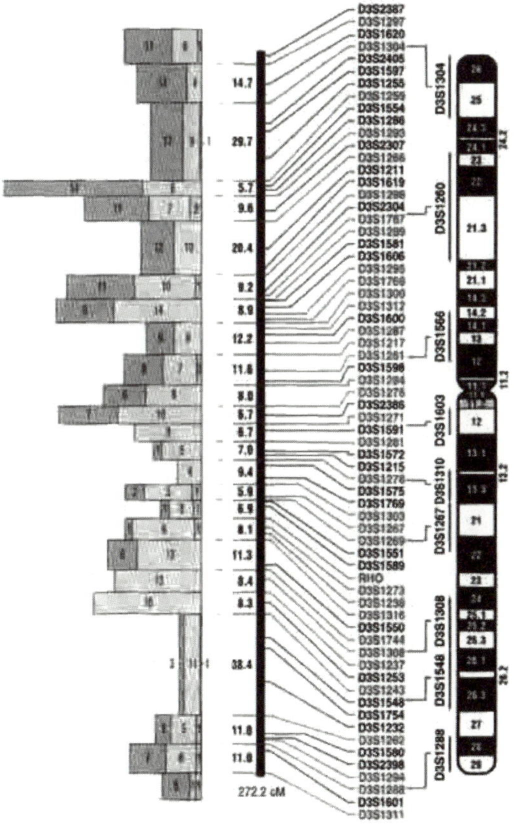

정보 전체를 단독으로 읽어 내기란 불가능한 과제였다. 그래서 여러 국가의 기관이 협력하여 이 작업을 수행한 것이다. 이 프로젝트에는 미국이 중심이 되어 1988년부터 준비 단계를 거쳤고, 1990년에 본격적으로 시작되어 프랑스 · 영국 · 일본 등 15개국이 합류하였다(최종적으로는 18개국으로 확대). 처음에는 완성까지 15년을 예상했는데, 전세계 20여 개의 실험실과 수백 명의 연구자들이 참여한 덕에 예상보다 5년이나 앞당겨 2001년 2월에 인간게놈지도의 완성을 선포하게 되었다.

HGP의 완결로 인간의 유전자라는 설계도에 어떠한 글자들이 담겨 있는지 읽어 내고 이를 저장하는 단계는 완료되었다고 할 수 있다. 그러나 인간게놈지도는 인간의 DNA가 지닌 비밀을 완전히 해독한 것이 아니라 책에서 글자의 의미는 모르는 채 음만 받아 적은 것에 불과하다. 이제는 책에 담긴 각 글자가 어떠한 의미를 지니는지를 파헤칠 차례다. 이와 관련해서 이미 많은 노력이 이루어지고 있다. 인간의 23쌍의 염색체 중 몇 번째 염색체에 위치하는 DNA의 어느 염기서열에 따라 어떠한 형질이 나타난다는 식의 연구가 바로 그것이다. 아직까지는 밝혀지지 않은 부분이 더 많지만, 유전자의 비밀이 모두 밝혀지는 날 인간은 유전적인 형질을 파악할 수 있는 능력을 손에 넣게 될 것이다.

DNA, 읽을 수 있다면 조작할 수도 있다

DNA 염기서열의 판독과 해독 기술은 그 자체로도 경이롭다. 그러나 DNA를 원하는 대로 수정할 수 없다면 그러한 기술도 기껏해야 생명체의 형질을 예측하는 데 그칠 뿐이다. 그러나 만일 인간의 DNA를 수정할 수 있다면 어떤 생명체의 DNA를 조작하여 인간에게 유용하게 사용할 수도 있고, 인간의 형질을 바람직한 방향으로 바꿀 수도 있을 것이다. 이렇게 유전자를 원하는 방향으로 수정하기 위한 도구가 바로 유전자 재조합 기술이다.

그렇다면 왜 DNA 염기서열의 내용, 즉 유전자를 바꾸는데도 유전자 편집이라거나 유전자 수정이라고 하는 대신 유전자 재조합이라고 할까? 거기에는 이유가 있다. 키보드로 문자를 치듯이 원하는 대로 DNA의 염기서열을 조작할 수 있다면 좋겠지만, 현재로서는 원하는 염기서열을 다른 DNA로부터 따오는 방법을 쓰고 있다. 바람직한 DNA 염기서열을 한 생명체로부터 가져와서 다른 생명체의 DNA에 끼워 넣는 방식이다. 이렇게 DNA를 잘라다가 다시 접합하기에 유전자 재조합이라 부른다. 더 구체적으로 설명하자면 이렇다. A라는 생명체의 DNA에서 특정한 기능에 관련된 부분을 골라 B라는 생명체의 DNA에 심으려 한다고 가정해 보자. 이때 유전자 재조합은 다음과 같은 순서를 따른다.

- A라는 생명체의 DNA에서 원하는 기능과 관련된 부분(유전자)을 효소로 잘라 낸다.
- 앞에서 잘라 낸 DNA 조각을 끼워 넣을 자리를 확보하기 위하여, 목적지에 해당하는 B라는 생명체의 DNA 중 일부를 잘라 낸다.
- B쪽 DNA의 빈 공간에 A로부터 잘라 낸 DNA 조각을 끼워 넣고, 연결 부위를 효소로 접합한다.
- 이렇게 재조합한 DNA를 B에 다시 주입한다. 이제 생명체 B의 DNA

DNA의 복제 과정

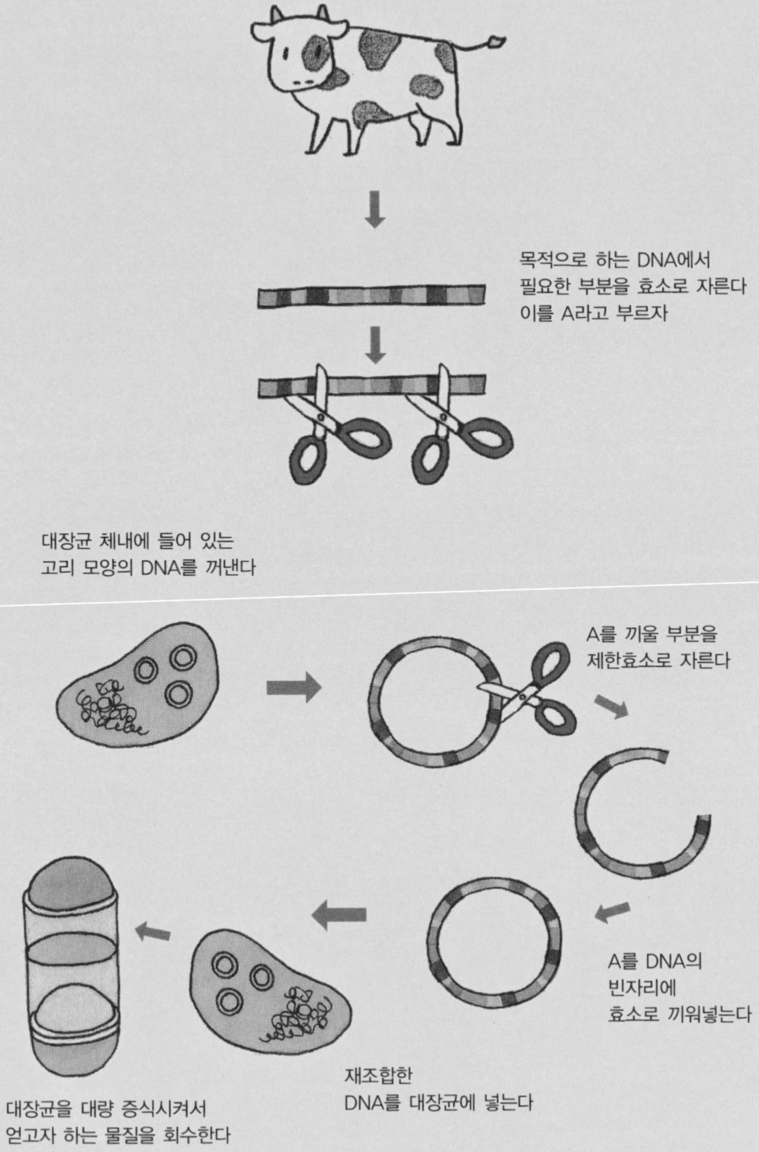
목적으로 하는 DNA에서
필요한 부분을 효소로 자른다
이를 A라고 부르자
대장균 체내에 들어 있는
고리 모양의 DNA를 꺼낸다
A를 끼울 부분을
제한효소로 자른다
A를 DNA의
빈자리에
효소로 끼워넣는다
재조합한
DNA를 대장균에 넣는다
대장균을 대량 증식시켜서
얻고자 하는 물질을 회수한다

에는 A의 DNA 중 일부가 포함된 것이다. 즉, 생명체 B는 A의 유전자 중 일부를 가지고 있기 때문에 본래 지닌 기능·형질 이외에 A로부터 도입된 새로운 기능·형질까지 함께 지니게 된다.

유전자 재조합 과정은 결국 어떤 DNA 조각을 다른 DNA에 끼워 넣는 것이기에, 크게 두 가지 도구가 필요함을 알 수 있다. 하나는 DNA의 특정 부분만 골라서 잘라 내는 가위에 해당하는 도구로, 이것은 잘라 낸 DNA 조각이 들어갈 새로운 자리를 만드는 데도 필요하다. 다른 하나는 잘려진 DNA 조각을 다른 DNA에 붙일 수 있는 접착제 같은 도구다.

그중 접착제 역할을 하는 것이 바로 효소다. 조각난 DNA를 이어 붙이는 효소인 DNA 리가아제ligase는 1967년에 겔러트M. Gellert가 발견했다. 실용성 있는 DNA 가위는 미국의 생물학자 스미스Hamilton O. Smith와 네이선스Daniel Nathans가 제한효소restriction enzyme를 발견함으로써 해결되었다. 제한효소는 DNA를 아무 곳에서나 막 잘라 내는 이전의 도구와 달리, 특정한 염기서열이 반복되는 부위만을 정확하게 골라서 잘라 주는 장점이 있다. 이제는 제한효소를 통해 DNA 중 원하는 부위만을 잘라 내고, DNA 리가아제를 통해 원하는 곳에 붙여 넣을 수 있게 되었다. DNA를 일부 잘라 내어 그것을 다른 DNA에 끼워 넣는 기술, 즉 유전자 재조합 기술이 실용화된 것이다.

유전자 재조합이라는 이름대로라면 이렇게 새로운 DNA를 만들어 내는 데서 끝이 날 것이다. 하지만 아직 하나의 과정이 더 남아 있다. 바로 새로운 DNA를 운반하는 것이다. A라는 DNA에 B라는 DNA 조각을 끼워 넣어(재조합하여) A′라는 DNA를 만들었다고 가정해 보자. 여기서 A′라는

DNA 자체는 유전자 재조합의 목적이 아니다. A′를 원래 A의 자리에 넣어서 A의 유전정보와 B의 유전정보를 가지고 생명체가 기능하도록 만드는 것, 그것이 최종 목적이다.

그런데 A′라는 DNA는 직접 세포에 넣어 줄 수가 없다. DNA는 세포 안쪽의 핵 속 깊숙한 곳에 있기 때문이다. 그래서 재조합된 DNA를 안전하게 운반할 운송수단이 필요하다. 이 운송수단을 '벡터Vector'라고 한다.

그래서 달랑 유전자 자체만이 아니라, 유전자를 품은 벡터 전체를 세포에 넣어 준다. 운반체인 벡터로는 플라스미드plasmid, 바이러스 등이 쓰인다. 바이러스는 세포에 침입하여 그 세포의 DNA에 자신의 DNA를 끼워 넣는 특성이 있다. 만일 바이러스의 DNA 중에서 세포에게 전달할 DNA 부위를 들어내고, 그 자리에 전달하고자 하는 DNA를 끼워 넣은 다음 바이러스를 세포에 집어넣는다면? 바이러스는 운반체, 즉 벡터 역할을 하여 세포에게 전달할 DNA를 세포 중심까지 가져갈 뿐 아니라, 그 DNA를 세포의 DNA에 주입하기까지 할 것이다.

오늘날 일반적으로 부르는 유전자 재조합 기술은 1973년 미국 스탠퍼드대학교의 코언Stanley Cohen과 캘리포니아대학교의 보이어Herbert Boyer가 개발하였다. 이들은 제한효소를 사용하여 항생물질에 내성이 있는 DNA를 실험실에서 배양한 대장균에 삽입하는 데 성공했다. 보이어는 1977년 인간의 유전자를 대장균에 삽입하는 데도 성공하여, 그때부터 미생물이 인간의 단백질을 생산할 수 있게 되었다.

이러한 결과들이 의미하는 바는 엄청나다. 인간이 건강하게 살아가기 위해서는 인체 내에서 단백질·효소·호르몬 등의 생체물질을 끊임없이 합성해야 한다. 질병 중 상당수는 이러한 생체물질이 부족해서 생기고, 질병이 낫기 위해서 더 많은 생체물질을 필요로 하기도 한다. 유전자 재조합 기술을 이용해서 번식력이 강한 미생물에게 인간의 유전자를 심는다면, 그 미생물은 인간이 필요로 하는 생체물질을 생산할 것이다. 그러면 특정한 생체물질이 부족한 환자에게 치료제를 값싸게 제공할 수 있다. 예를 들어 당뇨병 환자에게는 인슐린이 많이 필요하다. 따라서 유전자 재조합 기술을 이용해서 인슐린 생산에 관련된 인간의 유전자를 대장균에 번식시킨다면, 인슐린을 생산하는 대장균을 다량으로 얻을 수 있다. 보이어 교수는 유전자 재조합 기술의 잠재력을 꿰뚫어 본 벤처자본가 스완슨Robert Swanson과 함께 생명공학분야 벤처의 원조라고 할 수 있는 지넨테크Genentech사를 설립하였다. 지넨테크사가 1982년 최초로 유전자 재조합 인슐린을 시판하는 데 성공하면서, 생명공학은 인류의 생활에 본격적으로 영향을 끼치기 시작했다.

설계도만 있다면 생명도 복제한다

생명체의 복제는 클로닝cloning이라고 불린다. 일반적으로 복제란 원본과 동일한 복사본을 만드는 것을 의미한다. 그러나 생명 복제에 있어서 동일하다는 말은 만들어지는 개체의 유전적 형질이 원본과 동일하다는 뜻이다. 생명체의 형질에는 유전만 관여하는 것이 아니라 환경적인 요인도 작용한다. 예를 들어 일란성 쌍둥이도 타고난 형질은 같지만, 자라 온 환경이 다를 경우 둘의 생김새나 성격은 완전히 같지 않다. 클로닝으로 인해 탄생한 클론(복제 개체)의 경우도 마찬가지다. 적어도 유전적으로는 동일한 특징을 지니지만 후천적인 영향으로 인해 원본 개체와 형질이 100 퍼센트 같다고 할 수는 없다.

식물 또는 하등동물에 한해서긴 하지만, 사실 복제는 분자생물학이나 생명공학이라는 용어가 생기기 훨씬 전부터 식물의 줄기나 가지의 접붙이를 하는 방법으로 활용되어 왔다. 하등동물인 플라나리아의 경우 몸을 머리 부분과 꼬리 부분으로 잘랐을 때 머리가 붙어 있는 쪽의 잘려진 단면에서 꼬리가 재생되고, 꼬리가 남은 쪽에서는 머리가 재생되어 하나의 개체가 두 개의 개체로 불어난다. 그러나 복잡한 고등동물의 경우 복제란 쉽지가 않다. 개의 몸을 플라나리아처럼 잘라 봤자 개는 죽거나 다칠 뿐이다. 고등동물의 복제를 위해서는 매우 복잡한 기술이 필요하다.

동물의 복제는 한마디로 '핵치환 기술에 의한 무성생식'이라고 할 수 있다. 일반적으로 암컷의 난자와 수컷의 정자가 만나(수정하여) 번식이 이루어지는 유성생식의 경우, 난자의 핵에 들어 있는 DNA와 정자의 핵에 들어 있는 DNA가 절반씩 합쳐져 자식의 DNA를 구성한다. 그러므로 자식은 부모의 형질을 닮기는 하되, 엄마나 아버지 어느 한쪽을 완전히 닮지는 않는다. 그런데 만약 난자의 핵을 들어내고, 복제시키고자 하는 원본 개체의 핵을 그 빈자리에 넣은 다음, 그 난자를 자궁에서 키운다면 어떻게 될까? 이렇게 해서 태어난 아이는 원본 생명체의 핵, 나아가 그 핵 속에 담긴 유전정보를 그대로 지니기 때문에 원본 생명체와 유전적으로 동일한 클론이 된다.
복제는 어떠한 생명체를 복제 기계에 넣으면 원본과 똑같은 가짜가 튀어

플라나리아

플라나리아 플라나리아과Planariidae의 와충류를 말하며, 몸길이 1~3센티미터이다. 몸은 편평하고 길쭉하다. 하천이나 호수의 바닥 및 돌 위 등을 기어 다닌다.

나온다는 뜻이 아니다. 복제된 개체 역시 모체, 즉 엄마의 자궁에서 자라나 세상에 나온다. 다만 난자에 원본 개체의 핵을 끼워 넣기 때문에, 아기는 원본 개체와 유전적으로 똑같은 특징을 지니고 태어난다. 이를 난자의 핵을 원본 생명체의 핵으로 바꾸어 넣는다고 해서 핵치환 기술이라고 한다. 또한 정자와 난자가 만나지 않더라도 생명이 탄생할 수 있기 때문에 암수가 필요하지 않다는 의미에서 무성생식이라고 불린다.

최초의 복제 포유류로 알려진 '돌리' 역시 핵치환 무성생식 기술로 탄생했다(이전에도 개구리같이 비교적 간단한 동물은 복제되었으나, 양 같은 포유류는 계속 복제에 실패해 왔다). 1990년대 중반 스코틀랜드 로슬린 연구소의 윌머트Ian Wilmut가 6살 난 암양의 유선乳腺 세포로부터 빼낸 핵을 핵이 제거된 암양의 난자에 이식했다. 핵이 이식된 이 난자가 어미양의 자궁에서 자라나 세상에 나온 것이 바로 복제양 돌리다(1996년 7월). 돌리의 탄생이 세상을 그렇게 떠들썩하게 만든 것은 돌리가 성체, 즉 어른 개체로부터 복제된 클론으로서는 최초였기 때문이다. 윌머트와 캠벨Keith Campbell이 어떻게 이미 분화가 끝난 성체의 핵을 이식하여 복제에 성공했는지 설명하기란 굉장히 복잡하다. 그러나 한 가지 중요하고도 간단한 사실이 있다. 돌리를 탄생시킨 기술은 양뿐 아니라 돼지, 소, 염소 등 모든 동물에게도 적용할 수 있다는 점이다.

1997년 2월에 돌리의 탄생이 발표되자마자 엄청난 논란을 불러일으킨

무한한 가능성, 줄기세포

줄기세포는 정자와 난자가 결합하여 만들어진 수정란의 세포가 다양한 조직으로 분화하기 전의 세포를 말한다. 적절한 조건을 맞춰 주면 뼈 · 심장 · 피부 등 신체의 어느 기관으로도 분화할 수 있다. 심장에 이상이 있는 사람에게 줄기세포를 잘 분화시켜 얻은 심장세포를 이식한다면, 이론적으로 그의 질환은 치료될 수 있다. 줄기세포는 완전히 자란 성체로부터도 얻을 수 있지만, 아직까지는 확률이 떨어져서 현재는 주로 배아로부터 얻는다.

것도 이 때문이다. 양과 같은 포유동물의 복제에 성공했다는 것은, 조만간 인간 역시 복제할 수 있다는 의미이다. 이에 세계 각국과 국제기구들은 공상과학에서 머물 줄 알았던 문제가 현실로 다가오자 인간 개체 복제를 사전에 금지하는 데 나섰다. 일부에서는 모든 종류의 인간 복제를 금지하기도 했다.

그러나 1998년 이후 줄기세포 연구가 급부상하면서 인간 복제는 인간 배아 복제의 형태로 다시 각광을 받게 되었다. 질병 치료에 있어 획기적인 진전을 가져다 줄 수 있는 줄기세포를 얻는 데 배아 복제가 필요하기 때문이다. 정자와 난자가 결합하여 만들어진 수정란은 자궁에서 점점 뼈 · 심장 · 피부 등 다양한 조직세포로 만들어져(이를 분화라고 한다) 아이로 자라난다. 줄기세포란 수정란의 세포가 분화되기 전의 단계를 말하며, 적절한 조건을 맞춰 주면 신체 어느 기관의 세포라도 얻을 수 있다. 따라서 환자에게 줄기세포를 분화시켜 얻은 건강한 세포를 이식한다면 치료가 가능하다.

문제는 다른 사람의 줄기세포로 만든 세포를 이식받을 경우 환자의 몸에서 거부반응이 일어날 수 있다는 점이다. 그러므로 환자 자신으로부터

동물은 어떻게 복제될까?

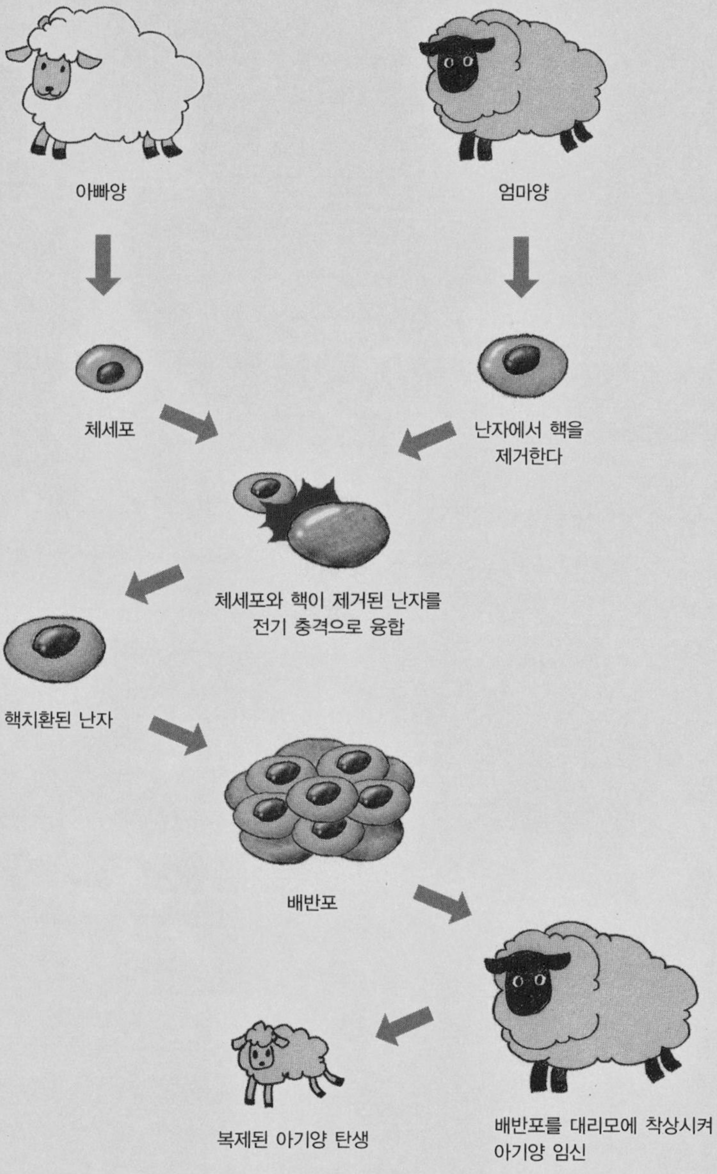
아빠양
엄마양
체세포
난자에서 핵을
제거한다
체세포와 핵이 제거된 난자를
전기 충격으로 융합
핵치환된 난자
배반포
복제된 아기양 탄생
배반포를 대리모에 착상시켜
아기양 임신

인간 배아의 복제와 줄기세포 기술

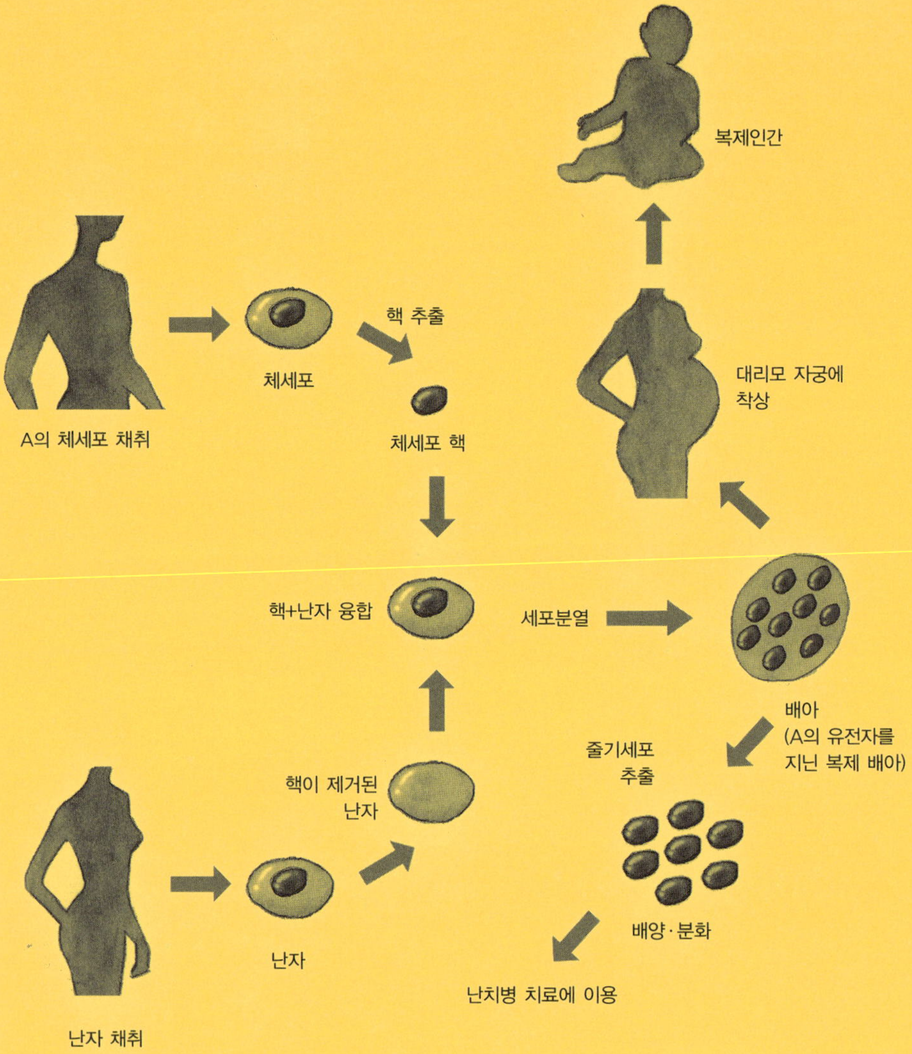

줄기세포를 확보하는 것이 중요하다. 줄기세포는 완전히 자란 성체로부터도 얻을 수 있지만, 아직까지 그 확률이 떨어지기 때문에 주로 배아로부터 얻는다. 배아胚芽, embryo란 수정란이 첫 번째 세포분열을 시작하여 아기의 모습을 갖추기 전까지를 의미하며, 사람의 경우 임신 8주 이전까지의 아기가 바로 배아에 해당한다. 그러므로 줄기세포를 이용한 치료를 위해 가장 먼저 필요한 것은 환자의 배아이다. 그리고 배아를 환자 자신의 체세포로부터 복제해 내는 것을 인간 배아의 복제라고 한다. 인간 배아의 복제는 원본 인간의 체세포로부터 얻은 핵을 여성의 난자에서 핵이 제거된 자리에 끼워 넣은 다음(핵이식), 이것을 배양하여 배아로 키워 냄으로써 이루어진다. 배아를 복제한다는 말은 어떠한 인간의 유전자를 그대로 지닌 배아를 키워 낸다는 것이지 하나의 배아를 여러 개로 복제해 낸다는 뜻은 아니다. '인간 배아'를 복제한다는 것이 아니라 '인간'을 '배아'로 복제해 낸다고 이해하면 빠를 것이다.

정리하면 인간 복제에도 두 가지 종류가 있다. A라는 사람의 체세포핵을 핵이 제거된 난자와 융합시켜 배아로 키워 냄으로써 A의 유전자를 그대로 지닌 배아를 만들어 내는 것을 인간 배아 복제라고 하며, 복제된 배아를 자궁에서 키워 완전한 개체(아기)를 얻는 것을 인간 개체 복제라고 한다. 현재 인간 개체 복제는 법으로 강력하게 금지되어 있지만, 인간 배아 복제는 대체세포나 장기를 만들어 낼 수 있다는 가능성 때문에 뜨거운 논란에도 불구하고 연구가 꾸준히 진행되고 있다.

인간에 의한, 인간을 위한 생명공학 기술들

생명공학 기술이 있으면 생명체의 형질과 기능을 결정하는 유전자를 조작할 수도, 생명체를 복제할 수도 있다. 그래서 현재 생명공학 기술은 생명체를 이용하는 모든 산업 분야, 즉 제약산업부터 발효산업·식품산업·농업·환경·보건의료 등에 걸쳐 지대한 영향을 끼치고 있다. 이 장에서는 생명공학 기술이 실제로 어떻게 응용되어 우리의 생활을 바꾸어 놓을 수 있는지를 살펴보기로 한다.

생명공학 기술, 의학을 향해 쏘다

현재까지 유전공학 기술의 응용이 가장 먼저, 그리고 가장 활발하게 이루어진 분야는 의학 분야, 그중에서도 바이오 의약품의 대량 생산이다. 바이오 의약품이란 인체 내부에서 자연적으로 미량 생성되는 생체활성물질을 생명공학적 기법으로 양산해 낸 것을 말한다. 앞서 언급한 지넨테크사의 인슐린 생산 기술이 그 예다. 그리고 이를 1982년에 엘라이 릴리Eli Lilly사가 산업화하는 데 성공하였다. 당뇨병 치료제 인슐린이 상품화된 이래 미국에서 FDA의 승인을 받아 상품화된 신약은 30개 이상이다. 그런데 이들 의약품 중 상당수는 바이오 의약품으로 인슐린처럼 인체 내에서 미량만 존재하여 대량 생산이 불가능했던 것들이었다. 당연히 가격도 높아 환자의 부담이 컸는데 유전자 재조합 기술의 적용으로 싸게, 그리고 많이 생산할 수 있게 되었다. 현재 유전자 재조합 기술을 통해 생산되어 판매되고 있는 바이오 의약품으로는 인슐린·인터페론·성장호르몬·B형간염백신·혈전증치료제·조혈제·신장이식거부반응치료제 OKT3·콜로니자극인자CSF 등이 있으며 앞으로 더 많은 의약품이 생산되어 치료에 사용될 것으로 전망된다.

유전자 재조합을 의학적으로 응용한 또 하나의 예로는 유전자 요법gene therapy을 들 수 있다. 사람의 질병은 크게 선천적인 것과 후천적인 것으로 나눌 수 있다. 선천적인 유전병은 유전자의 결함에 의해 일어나며, 현재 약 3,000종이 알려져 있다. 이러한 유전병에는 별다른 치료법이 없는 것이 큰 문제이다. 후천적으로 감염된 결핵 같은 경우 결핵균을 죽임으로써 물리칠 수 있다. 그러나 선천적인 유전자의 결함 때문에 발생하는 유전병을 근본적으로 치유하려면 결함이 있는 유전자를 정상의 것으로 대체하거나, 결함 유전자와 관련된 산물인 효소를 보강시켜 주어야 한다. 이 둘 중 보다 근본적인 대책은 분명 전자일 것이다. 이 치료법을 유전자 요법이라고 부른다. 유전자 요법이 바이오 의약품보다 우월한 점은 유전병을 근본적으로 치료할 수 있거나 적어도 효과가 상대적으로 오래가기 때문이다. 예를 들어 DNA 염기서열 중 어느 부분이 ATGG…라는 식으로 되어 있는 바람에 어떤 유전병이 발생했다고 가정해 보자. 그렇다면

양약=화학물질

바이오 의약품과 반대되는 약품이 우리가 일상적으로 보는 약들이다. 약국에서 파는 양약의 경우 대부분 공장에서 화학물질을 섞어 대량으로 생산해 낸 의약품이다. 예를 들어 감기약에 포함되는 코비안에스정은 항히스타민제인 클로르페니라민과 비충혈제거제인 페닐에프린 등이 복합된 것으로 질병의 치료에 도움이 되는 화학물질들을 공장에서 만든 것이다.

이 유전병은 ATGG… 라고 되어 있는 DNA를 설계도 삼아 만들어진 세포가 정상적인 구실을 못하기 때문에 생긴 것이다. 건강한 사람의 경우 문제가 되는 부분이 TTGG…로 되어 있다고 해보자. 문제가 되는 환자의 DNA 부분을 건강한 사람의 것처럼 바꿔 주면 어떨까? 이 유전병은 치료될 수도 있을 것이다. 하나의 예를 더 들어 보자. 인체 내의 특정 물질이 부족하여 발생하는 어떤 질환이 있다고 생각해 보자. 바이오 의약품은 기껏해야 부족한 생체물질을 필요한 만큼 보충해 줄 수 있을 뿐이다. 환자는 치료를 위해 병원을 자주 들락날락하거나 집에서 주기적으로 주사를 맞아야 하므로 생활에 지장이 있을 뿐더러 치료비도 지속적으로 든다. 결국 약물 치료는 번거로우며 치료 효과가 지속되는 시간 역시 짧은 미봉책일 뿐이다. 따라서 지금 당장은 인간의 DNA에 직접 손을 대지 못하기 때문에 바이오 의약품이 강세이지만, 장기적으로는 유전자 요법으로 치료의 중심이 옮겨갈 것으로 기대된다.

낳기 전에 진단한다, PGD의 축복

앞서 말했듯이 인간게놈지도의 완성으로 인간 유전정보의 판독은 완료

유전자 요법, 기존 치료법을 뛰어넘는다

유전자 요법은 유전자를 삽입하는 대상에 따라 체세포 유전자 요법과 생식세포 유전자 요법으로 나누어진다. 체세포 유전자 요법은 근육세포 · 간세포 · 혈관 · 내피세포 등의 체세포에 정상 유전인자를 넣고 배양한 후 사람에게 다시 주입하는 것이다. 체세포는 대개 수명이 짧고 세포분열이 잘 일어나지 않으므로 치료 효과가 영구적이지 않다. 그러나 여전히 의약품보다는 효과가 좋다. 생식세포 유전자 요법은 수정란이나 발생 초기의 배아에 유전자를 삽입하는 것이다. 아기는 처음부터 정상적인 유전자에 의해 만들어지므로 치료 효과가 영구적이며 자손들에게까지 지속적으로 유전된다.

되었다. 그리고 판독된 유전정보와 인간 형질 사이에 어떠한 관계가 있는지도 조금씩 밝혀지고 있다. 유전병들과 유전자 사이의 관계가 상세하게 밝혀진다면 태아의 유전자를 분석하여 앞으로 태아가 어떠한 유전병을 가지고 태어날지도 미리 알 수 있을 것이다. 그러나 태아가 이미 엄마의 자궁에서 자라고 있는 시점이라면 아이의 유전병을 미리 아는 것은 상대적으로 의미가 떨어진다. 왜냐하면 치료 방법이 없는 상태에서 유전병의 발병 여부를 아는 것은, 마음의 준비를 할 수 있는 시간을 확보하는 이상의 의미는 없기 때문이다.

그래서 현재 사용되고 있는 기술이 착상 전 유전자 진단법, 즉 PGD Preimplantation Genetic Diagnosis이다. PGD는 부부의 난자와 정자를 체외수정 IVF: In Vitro Fertilization해서 얻은 수정란을 여성의 자궁에서 키우기 전에 미리 유전자 정보를 검사하는 기술이다. PGD로써 체외수정을 통해 얻은 여러 개의 수정란에서 만들어진 배아의 DNA를 분석하여, 장차 태아가 어떤 유전병이나 형질을 타고날 것인지 예측한다. 이를 통해 유전병이나 질환 없이 가장 건강할 것 같은 배아를 골라 여성의 자궁에서 태아로 키워 낸다면, 그 아이는 유전병을 물려받는 일 없이 건강할 것이다. 따라서

유전자 요법 vs. 바이오 의약품

유전자 요법	바이오 의약품
환자에게 필요한 유전자를 바이러스에 넣음	환자에게 필요한 물질을 만드는 유전자를 박테리아의 플리스미드에 감염시킴
이 바이러스를 환자에게 감염시켜 배양하면 바이러스 DNA가 체세포 염색체로 삽입됨	박테리아가 증식하면서 약용 생체물질을 만들어 냄
배양된 세포를 환자에게 주입하면 환자 체내에서 필요한 물질을 만들어 냄	이 생체물질을 체내에 주입함

PGD는 유전병을 가진 자녀를 낳을 위험성이 큰 부부들에게 건강한 자녀를 갖도록 해주는 커다란 축복이 될 수 있다.

인간의 형질은 조작될 수 있을까?

PGD의 한계는 그것이 '검사'와 '선별'에 국한된다는 점이다. 만일 여러 개의 배를 검사해 봤는데도 건강한 배가 하나도 없으면 어떻게 해야 할까? 이때는 배의 유전자를 치료하여 장차 건강한 아기가 태어나도록 하는, 보다 적극적인 방법이 필요할 것이다. 태아가 수정란이나 배의 단계일 때 유전자 재조합 기술을 통해 원하는 유전정보가 담긴 DNA 조각을 태아의 DNA에 끼워 넣는 식으로 말이다. 이러한 기술은 생식세포의 유전자를 재조합한다고 해서 생식세포 유전자 요법으로 불린다. 특정한 유전자가 비만을 일으킨다는 것이 밝혀졌다고 해보자. 그렇다면 부모는 태아의 DNA로부터 이 유전자를 제거하고 다른 유전자를 심어 주고 싶을 것이다. 또한 CCR5라는 유전자는 에이즈를 일으키는 바이러스인 HIV에 대한 면역력을 준다고 한다. 부모는 아이의 유전자를 조작해 CCR5 유전자를 가지게 해줌으로써, 에이즈에 대한 저항력을 선물하는 것도 생각해 볼 수 있다. 능력 강화의 원리도 이와 동일하다. 비만을 유발하는 유전자 제거가 질병 제거의 의미를 넘어 능력을 강화하는 일이기도 하듯 질병 제거와 능력 강화는 같은 선에 있다. 그러므로 이 둘의 기술적 원리는 100퍼센트 동일하다.

이미 태어난 인간의 유전자를 치료하는 체세포 유전자 요법이 사후 치료나 후천적 능력 강화에 그치는 반면, 생식세포 유전자 요법은 아이가 태어나기도 전에 미리 유전병을 예방하거나 능력을 키워 준다. 그러나 현재 생식세포 유전자 요법은 기술적으로 많은 위험이 있을 뿐 아니라, 형질을 마음대로 조작한 '맞춤 아기' 에 대한 우려 때문에 법으로 강력히 금지되어 있다.

배아 복제와 줄기세포 연구를 통한 난치병 치료

현재 인간 개체, 즉 원본의 유전자를 지닌 복제 아기를 낳는 것은 엄격히 금지되어 있다. 우선 동물 개체의 복제에서 예기치 못한 부작용이 많았기 때문에 인간을 대상으로 하는 데에는 더더욱 신중할 수 밖에 없다. 그러므로 동물을 대상으로 연구를 충분히 진행하여 개체 복제가 인간에게도 안전하다는 확실한 증거부터 확보해야 한다.

또 하나 인간의 정체성에 관한 윤리적 문제가 있다. 복제로 태어나는 인간은 존엄성이 훼손된다는 주장이 그것이다. 물론 이러한 주장에 대한 반론 역시 만만치 않지만, 현재 인간 개체 복제는 시도조차 금지되어 있다. 인간 개체 복제는 이미 존재하는 누군가의 일란성 쌍둥이를 탄생시키는 것으로, 그 충격과 상징적인 의미에 비해 인류의 건강에 기여할 수 있는 방법은 많지 않다. 나이나 생식 기능의 이상으로 인해 아이를 낳을 수 없는 사람이 가문의 혈통을 잇기 위해 자신을 복제한 클론을 낳는다든가 하는 특수한 상황 외에는 말이다. 그냥 자신의 분신을 가지고 싶어서, 또는 유명인을 닮은 아기를 원해서 클론을 만들겠다는 욕구는 더더욱 용납되기 힘들 것이다. 이렇듯 위험과 사회적 충격에 비해 그 실질적인 효용은 떨어지기에 인간 개체 복제는 당분간 정체에 머무를 수 밖에 없을 것이다.

그러나 이러한 윤리적 · 제도적 통제에도 불구하고 인간 배아 복제는 여전히 커다란 관심과 연구의 대상이다. 앞에서도 보았듯이 배아 복제를 통해 줄기세포를 얻는 데 필요한 배아세포를 다량으로 얻을 수 있기 때문이다. 장기나 조직에 이상이 있는 환자를 치료하기 힘든 이유는 병든 장기를 대신할 건강한 장기를 얻을 길이 없다는 데 있다. 이식 자체가 불가능한 장기가 많은데다, 타인의 장기는 환자의 몸에서 부작용을 일으킬 수 있는 등 한계가 있다. 그렇다고 환자의 몸에서 특정 장기에 필요한 세포를 추출해서 장기를 만들어 낼 수도 없다. 다 자란 조직과 세포는 다른 형태로 변화할 수 없기 때문이다. 정자와 난자가 만나 생긴 조그만 수정란으로부터 피부, 골수, 간, 위, 뼈 등이 생겨나지만, 일단 생명체가 완성되면 다른 조직의 세포로 변환될 수 없다.

그러나 줄기세포는 얘기가 다르다. 줄기세포는 어떻게 유도되느냐에 따라 신체 어느 부위의 세포로든 자랄 수 있다. 말하자면 줄기세포는 무엇이든 그릴 수 있는 백지 도화지 같은 것이다. 줄기세포를 이용한 난치병의 치료는 줄기세포를 필요한 부위의 세포로 분화시킨 다음 이 세포를 신체의 손상 부위에 이식하는 방법이 될 것이다.

인간 배아 복제는 이러한 줄기세포를 충분히 얻을 수 있는 해결책이다. 줄기세포 기술이 있다 하더라도 인간 배아 복제 기술이 없다면 줄기세포로 분화시킬 배아를 다량으로 얻을 수 없다. 배아가 확보되지 않은 상태에서 줄기세포 치료에 나선다는 것은 총알 없는 총을 갖고 전쟁터에 나서는 꼴이다.

2001년 10월 미국의 생명공학 회사인 어드밴스드셀테크놀로지ACT사는 핵이 제거된 여성의 난자에 인간의 체세포에서 추출한 핵을 이식함으로써 세계 최초로 배아 복제에 성공하였다. 그러나 아직 갈 길은 멀다. 인간 배아 복제는 그 자체가 목적이라기보다는 손상된 세포를 대체할 새로운 세포를 얻는 데 필요한 배아줄기세포를 대량 생산하는 데 의의가 있기 때문이다. 아직 배아 복제 기술조차도 완전하지는 않지만, 이보다 더 중요한 것은 분화되지 않은 세포 덩어리인 줄기세포를 특수한 조직으로 분화시키고 이를 필요한 부위에 재이식하는 기술이다.

이렇듯 생명공학 기술은 대량으로 만들어진 줄기세포를 원하는 세포로 분화시켜서 난치병을 치료하는 단계를 향해 달려가고 있다.

식량 위기에 빠진 지구를 구하라!

생명공학 기술이 널리 적용된 분야 중 하나는 바로 농업이다. 생명공학은 양적인 측면에서 식량 증산에 획기적으로 기여하여 제2의 녹색혁명을 달성할 뿐 아니라, 질적인 측면에서 인간이 원하는 특성을 지닌 작물을 개발함으로써 인류의 가장 큰 숙제 중 하나인 식량 부족 문제 해결에 기여할 것으로 기대되고 있다.

실은 농작물의 개량은 오래전부터 이루어져 왔다. 전통적인 육종 기술을 통해 작물들을 교잡시켜 오랜 세월에 걸쳐 조금씩 개량해 온 것이다. 병충해에 강하고도 맛이 좋은 쌀을 얻기 위해 병충해에 강한 쌀 품종과 맛이 좋은 쌀 품종을 교잡시키는 등의 방식으로 말이다. 최근의 생명공학적 기법은 계절과 환경의 제약을 덜 받으면서 진행되어 신품종 개발에 필요한 시간과 자원을 절약하고 있다. 특히 생명공학은 이제까지 불가능한 것으로만 알려졌던 '종'의 유전적 장벽을 넘어서서 유전형질을 한 종에서 다른 종으로 전이시킬 수 있는 기술까지 나아갔다. 예를 들어 유전자변형작물 GMO Genetically Modified Organism는 유전자 재조합 기술을 통해 경쟁력을 지니도록 개발 · 생산된 작물이다. 1994년 칼진Calgene사에 의해 개발된 세계 최초의 GMO인 플레이버 세이버Flavr Savr는 신선도를 유지하는 기간이 획기적으로 길어졌으며, 1996년 몬산토Monsanto사의 라운드업레디Roundup Ready 콩은 제초제에 대한 내성을, 노바티스Novartis사의 내병충해성 옥수수는 병충해에 대한 내성을 지니도록 유전자 조작된 품종이다. 2004년 기준으로 세계 GMO 시장 규모는 40억 달러를 돌파하여 2010년에는 200억 달러에 달할 것으로 추정된다.

GMO의 명과 암

살충제와 비료 등에만 의존하는 기존의 농업 방법으로는 꾸준히 늘어나는 세계 인구를 먹여 살릴 만큼 충분한 식량을 생산하지 못할 것이라는 우려가 있다. 그런 의미에서 GMO는 해충과 잡초에 대한 저항력이 강해 수확량이 많아지므로, 식량 위기를 극복하게 해준다는 것이 GMO를 찬성하는 측의 입장이다.

반면 인위적으로 조작된 GMO가 알레르기를 유발하는 등 인체에 악영향을 끼치는 동시에, 생태계의 균형을 깨뜨릴 수 있다는 것이 GMO를 프랑켄푸드(Franken Food: 프랑켄슈타인 + 식품)라고 부르며 반대하는 측의 주장이다.

그림은 몬산토사와 GMO 식품의 위험성을 경고한 포스터. 그림 속 어린이가 "이봐, GMO 과일이 나를 공격하고 있어!"라고 외치고 있다.

기특한 생명공학, 범인도 잡고 환경도 지킨다!

수차례 밝혔듯이 생명체의 유전적 형질은 DNA의 염기서열에 의해 결정된다. 그렇다면 그 반대는 어떨까? 사람마다 유전적 형질이 각기 다르기 때문에 DNA 염기서열의 내용도 다르다. 그래서 DNA 염기서열은 지문처럼 사람을 식별하는 데 사용될 수 있다. 이러한 고유성 때문에 DNA는 범죄 수사에서 각광받고 있다. 범죄 현장에 침 한 방울, 머리카락 한 가닥, 피 한 방울이라도 떨어져 있으면 그것으로부터 범죄자의 DNA를 채취해 낼 수 있기 때문이다. 채취한 DNA의 염기서열이 용의자의 것과 동일하다면, 그 용의자가 진범임을 확인할 수 있을 것이다.

한편 DNA 분석은 범인으로 몰린 억울한 용의자의 누명을 벗겨 주기도 한다. 실제로 1977년 미국에서는 닷슨Gary Dotson이라는 무고한 청년이 억울하게 성폭행범으로 몰려 10여 년간 옥살이를 했다. 그러던 중 새로 도입된 DNA 검사를 통해 무죄가 입증되어 뒤늦게 풀려났다. 이처럼 오늘날 DNA 감식법은 범죄 수사의 필수 도구이다. DNA 분석은 범죄뿐 아니라 사고 후 피해자의 신원을 파악하는 데도 쓰인다. 대형 화재가 나서 시체가 불에 탔을 경우, 피해자의 신원에 관한 단서를 얻기란 힘들다. 그러나 타다 남은 시체의 일부에서 조금이라도 DNA를 채취할 수 있으면 그것을 분석하여 신원을 알아낼 수 있다. 시체 후보자의 거주지에서 수집한 DNA를 시체에서 추출한 DNA와 비교하거나, 시체의 DNA를 분석하여 그 사람의 유전적인 형질을 뽑아낼 수 있기 때문이다.

환경 분야에서도 생명공학 기술의 활용도는 크다. 오늘날 환경 문제의

과학 수사의 무기, DNA

'범죄현장조사(반)'를 의미하는 CSI Crime Scene Investigation는 현재 전세계적으로 가장 인기 있는 드라마 소재이다. CSI에서 범죄를 해결하는 데 사용하는 과학적인 무기에는 지문 및 혈흔감식, 탄흔(총탄의 흔적) 분석, 사체 부검, 비디오 판독 등이 있다. 그러나 가장 빈번히 등장하는 도구의 하나는 DNA 감식이다. 범인이 범행 현장에 DNA를 남기지 않기는 힘들기 때문에, DNA 감식은 용의자가 범인인지 아닌지를 가려내는 가장 강력한 무기라 해도 과언이 아니다.

중요한 이슈 중 하나는 오염물질의 제거이다. 자연에 배출된 중금속, 석유화합물 등의 오염물질을 분해·정화하는 데 있어 현재는 화학약품에 의존하는 경우가 많다. 그러나 도리어 이 화학약품에 의한 부작용이 종종 생기기도 한다. 그래서 최근에는 생명공학 기술을 이용하여 유전자를 조작하거나 배양법 등으로 번식시킨 미생물을 통해 오염물질을 처리하는 방식이 주목받고 있다. 오염물질을 소화·분해하는 미생물을 찾아내 이를 대량으로 번식시키는 것이다. 예를 들어 '알카니보락스 보르쿠멘시스' 라는 이름의 박테리아는 석유를 주식으로 삼아 이를 분해해 버린다. 학자들은 이 박테리아의 유전자를 해독하여 이것이 어떻게 석유로 오염된 물을 정화하는지를 연구했으며, 이 박테리아를 인공적으로 배양하는 데도 성공했다. 앞으로는 2008년 태안 앞바다에서 일어난 허베이-스피리트호 사고의 경우처럼 바다에 유출된 기름을 제거해야 하는 경우 미생물이 유용하게 사용될 것으로 기대되고 있다. 또한 미생물의 본래 성질을 이용하는 방식에서 더 나아가 유전자 재조합 기술을 통해 식물에게 오염물질을 분해하는 기능을 추가하기도 한다. 예를 들어 빵을 부풀리는 데 쓰는 효모의 한 유전자를 식물에 넣으면 그 식물은 중금속을 대량으로 흡수하기도 한다.

유전자 쇼핑 시대는 과연 가능할까?

지금까지 살펴본 것처럼 눈부신 생명공학 기술이 우리 생활의 도처에서 영향력을 넓혀 가고 있기는 하지만, 아직까지 인간이 유전자를 떡 주무르듯이 조작하거나 마음껏 사고팔 수 있는 것은 아니다. 그러나 많은 전문가들은 유전자 쇼핑 시대가 오는 것은 시간 문제라고 이야기한다. 관련 기술의 발달 속도가 지금까지는 상상할 수 없었을 정도로 가속화되고 있기 때문에, 당장은 버거워 보이더라도 조만간 해결책이 마련될 것으로 보이기 때문이다.

무르익는 기술적 가능성, 무어의 법칙과 기술의 발달 속도

컴퓨터 반도체의 성능과 관련하여 '무어의 법칙Moore's Law'이라는 유명한 법칙이 있다. 전세계적인 반도체회사 인텔Intel의 공동 설립자인 무어Gordon Earle Moore가 경험적인 관찰에 의거하여 1965년에 정리한 것으로, 반도체 집적회로의 성능이 24개월마다 2배로 늘어난다는 법칙이다. 논란은 있었지만 아직까지 무어의 법칙은 비교적 잘 들어맞고 있는 것으로

그런데 무어의 법칙, 언제까지 가능할까?

미국에 무어의 법칙이 있다면 한국에는 '황의 법칙'이라는 것이 있다. 삼성전자의 황창규 사장이 이끄는 반도체 기술개발팀이 2년마다 집적도가 2배 향상된다는 무어의 법칙을 깨고 2000년부터 해마다 메모리 반도체 집적도를 배로 올렸다는 데서 나온 말이다. 그러나 언론에서는 '황의 법칙'이 한계에 다다른 게 아니냐는 분석을 내놓고 있다. 매년 세계에 전하던 "집적도를 두 배로 늘렸다"라는 발표가 2008년에는 들리지 않고 있기 때문이다. '무어의 법칙'을 내놓은 무어 자신도 최근에 "앞으로 10~15년이면 무어의 법칙이 한계에 이를 것"이라고 말하기도 했다. 스스로 본인이 발표한 법칙의 한계를 예고한 것이다. 이제 '무어의 법칙'은 반도체 산업이 아닌 생명공학에서나 적용될 수 있는 것일까?

ⓒOliver Lavery

보인다. 무어의 예측대로 CPU는 눈 깜짝할 사이에 발전하여, 오늘 산 PC가 얼마 후면 구모델이 되어 버릴 지경이다.

무어의 법칙은 비록 반도체의 발전 속도에서 나온 법칙이지만, 정보처리 관련 산업이나 기술 분야는 이와 유사한 식으로 급속하게 발전하는 것을 관찰할 수 있다. 그중의 하나가 생명공학이다. 다국적 농업생명공학기업인 몬산토사도 "생명·유전공학 기술은 12개월~24개월마다 두 배로 발전한다"라는 '몬산토의 법칙Monsanto' s Law'을 내놓은 바 있다.

물론 무어나 몬산토의 법칙은 '경험해 보니 이러이러하더라' 라는 식의 법칙이기 때문에 미래에도 정확하게 들어맞는다는 보장은 없다. 그러나 현실에서의 기술 발달 속도가 법칙과 비슷하게 진행되고 있다는 것이 현재까지의 평이다.

생명공학 기술이 몬산토의 법칙을 따른다면 그것은 생명공학의 발전 속도가 감당할 수 없을 정도로 빨라짐을 의미한다. 처음 시작 단계에서 생명공학 기술의 수준이 1이라고 해보자. 12개월이나 24개월이 흘렀을 때는 기술이 두 배로 발달하여 2가 된다. 이때의 실질적인 증가도는 2-1=1밖에 되지 않는다. 그러나 기술 수준이 2가 된 후 또다시 12개월이나 24개월이 지난다면? 이때는 기술 수준이 2×2=4가 되며 증가도도 4-2=2가 된다. 그다음은? 기술 수준은 4에서 8로, 8에서 16으로 높아진다. 기술 수준이 높아지는 비율은 2배로 동일하지만, 그 폭은 걷잡을 수 없이 커질 것이다. 몬산토의 법칙과 본질적으로 동일한 내용인 무어의 법칙을 따르는 반도체와 컴퓨터 산업의 변화가 이리도 심한 이유가 여기 있다. 마찬가지로 생명공학 기술도 급격한 변화를 겪고 있으며, 그 발전 속도는 더욱 빨라질 것으로 예측된다. 이는 현재에 불가능하다고 생각되는 한계가 극복될 가능성이 그만큼 커진다는 뜻이다.

과학의 역사에서는 불가능하다고 생각했던 것들이 지식과 기술의 발달로 극복된 사례가 허다하다. 물론 에너지 보존 법칙을 뛰어넘어 무에서 유를 창조하려 한다든지 영구기관처럼 열역학 제2법칙에 위배되는 발명품에 힘을 쏟는다든지 하는, 문자 그대로 불가능한 시도들도 분명 있다. 현재 과학계에는 에너지 보존 법칙이나 열역학 법칙 등 절대 거스를 수 없다고 인정받는 몇 개의 법칙들이 있다. 천지가 개벽해도 안 되는 일은 안 되는 것이다.

그러나 이렇게 '근본적으로 불가능' 한 것들 외에는 불가능해 보이는 난제들도 상당수 해결되어 왔다. 불과 백여 년 전에는 과학자들마저 사람과 화물을 태우고 하늘을 나는 기계를 발명한다는 것이 불가능하다고 단언했다. 그러나 우리는 그 불가능의 벽이 라이트 형제에 의해 깨졌다는 것을 알고 있다. 컴퓨터가 집채만 한 크기를 자랑하던 시절에는 노트북 컴퓨터는커녕 책상 위에 올려 놓는 데스크탑조차 상상하지 못했다. 이처럼 생각보다 많은 경우에 기술이 상상을 현실로 만들어 주었다. 하물며 수많은 전문가와 과학자들이 적어도 기술적으로는 가능할 것이라 예측하는 유전자 쇼핑 시대는 어떨 것인가?

물론 미래를 속단할 수는 없다. 그러나 생명공학 기술이 유전자 쇼핑 시대에 필요한 수준을 향해 빠른 속도로 다가가고 있음은 확실하다.

Mission Impossible! 과학에서도 안 될 일은 안 된다

한 사람의 상상이 과학에 의해 현실이 되는 경우는 수없이 많다. 그러나 과학의 세계에서 절대 불가능하다고 못 박은 것이 있으니 그중 대표적인 것이 영구기관永久機關이다. 영구기관은 한번 외부에서 동력을 전달받으면 영원히 운동하며 작동한다는, 오로지 상상 속에만 존재하는 기관이다. 인류가 발견한 가장 굳건한 법칙의 하나인 에너지 보존 법칙에 따르면 닫힌 역학계에서 총 에너지의 합은 일정하다. 그런데 기계의 작동 중에 필연적으로 발생하는 마찰과 공기 저항에 의한 에너지 손실이 늘어날수록 기계를 돌리는 에너지는 줄어들어, 결국 모든 기계는 추가적인 에너지 공급이 없으면 언젠가는 멈출 수밖에 없다. 따라서 영구기관은 이론적으로나 실험적으로나 불가능하다. 이와 같은 이유로 유서 깊은 과학단체인 프랑스과학아카데미는 1775년 이후로 영구기관을 발명했다는 모든 제보에 대해 대꾸를 하지 않고 있다.
아래 그림은 중세인들이 고안한 영구기관이다.

바이오인포매틱스? 발전에 날개가 붙은 생명공학

이러한 생명공학 기술의 발달 속도에 날개를 달아 준 것이 바로 바이오인포매틱스bioinformatics이다. 바이오인포매틱스는 컴퓨터를 이용해 각종 생명 정보를 처리하는 학문으로, 생물의 방대한 유전정보를 분석하는 데 필수적인 분야이다. 예를 들어 인간 유전자의 염기서열 데이터를 분석하여 유전자의 기능을 재구성하는 경우를 상상해 보자. 인간의 유전자는 현재 3만~5만 개 정도로 알려져 있다. 그리고 하나의 유전자에는 1,000~수만 개의 염기가 포함되어 있다고 한다. 3만~5만개의 유전자 중에서 어느 유전자의 어느 부분이 어떤 형질이 일으키는지 밝혀 내는 것, 아니 그 이전에 30억 개에 달하는 염기 쌍을 정리해서 읽어 들이는 데만도 엄청난 정보량과 시간이 요구된다. 인간의 유전자와 관련된 작업에 있어서 정보의 양은 이처럼 방대할 수 밖에 없다. 그래서 이를 신속히 분석하고 처리하려면 정보통신 기술을 잘 결합하여 활용해야 한다. 바이오인포매틱스는 바로 유전자에 관련된 대용량의 정보를 고속으로 처리하기 위해 생명공학과 정보통신 기술을 결합한 것이다.

이미 바이오인포매틱스는 인간게놈프로젝트HGP에서 그 진가를 발휘한 바 있다. 인간의 유전자를 구성하는 30억 쌍에 달하는 염기서열들을 분자생물학 기법을 통해 밝혀낸 다음, 그 결과를 정리하여 지도로 그려 내는 역할은 바이오인포매틱스가 담당했다. 바이오인포매틱스는 생명공학이 더욱더 빠른 속도로 진화할 수 있게 해주는 날개와도 같다. 정보통신 기술의 도움으로 생명공학의 발전 속도는 더욱 가속화될 것으로 보인다.

기술은 준비되었다. 그런데 우리는?

지금까지 살펴본 바에 따른다면, 마음먹은 대로 유전자를 쇼핑하는 시대가 과연 올 것이냐는 질문에 적어도 기술적인 측면에서는 가까운 시일 내에 가능해질 것이라고 대답할 수 있을 것이다. 그러므로 이제 유전자 쇼핑 시대의 도래 여부와 관련하여 고민해 보아야 할 것은 기술적 가능성보다도 제도적 · 사회적 여건이라 할 수 있다. 생명공학 기술의 과실은 엄청나기 때문에 너도나도 여기에 달려들어 활발한 연구를 펼치고 있다. 그러나 여기에 동참하기 전에 고려해야 할 사항들이 많다. 이는 인간의 건강, 존재에 관련된 것이기 때문이다. 실제로 생명공학 기술을 연구하고 사업을 추진하다 보면 기존에 우리가 지켜오던 관념을 깨느냐의 기로에 서게 되거나, 신체 · 환경의 부작용 같은 잠재적인 위험을 면밀하게 검토해야 하는 경우가 자주 생긴다.

예를 들어 배아줄기세포 연구를 위해서는 여성의 건강한 난자가 필수적이다. 그런데 난자는 여성의 몸에서 한 달에 한 개 꼴로 생성될 정도로 매우 희귀한 자원이다. 게다가 난자는 복제할 수 없으므로 여성으로부터 기증받지 않으면 확보할 수 없다. 당연히 난자를 필요로 하는 쪽에서는 가능한 한 많은 여성으로부터, 가능한 한 자주 난자를 추출하고 싶어 할 것이다. 그러나 난자의 추출로 인한 부작용으로 가벼운 복통부터 난소암 · 뇌졸중 · 골반염이 나타날 수 있으며, 때로는 사망에까지 이를 수 있다는 사실이 알려지자, 과연 기증자의 건강을 해쳐 가면서 난자를 추출해야 하느냐는 반대 의견도 거세다. 또한 난자는 정자와 수정되면 하나의 생명이 될 수 있는 잠재력을 가졌는데, 연구를 목적으로 파괴한다는

누가 과학에 날개를 달아 줄까?

황우석 박사는 한때 줄기세포 연구 분야의 세계적 석학이자 국민적 영웅이었다. 그의 2004년 논문은 체세포핵을 난자에 삽입하여 환자에 맞는 줄기세포를 얻어 내는 방법에 관한 것이었고 2005년에 발표한 논문에서는 줄기세포를 더 높은 확률로 얻을 수 있는 방법을 담기도 했다. 그러나 연구에 사용된 난자를 부적절하게 구했다는 것, 그의 대표적 논문들이 조작되었다는 사실이 밝혀지자 그의 위상은 추락했다. 논문 조작에 관해서는 국내외 동업자 및 협력 연구자들에 의해 모함을 받은 것이라는 음모론도 제기되었으나 공식적으로 인정받지는 못하고 있다. 이 사건으로 인해 황우석은 교수직을 박탈당하고 연구 지원도 끊겼다. 그리고 지금까지 국내에서 줄기세포와 관련된 어떠한 연구도 허가받지 못하고 있다. 이는 제도적 지원과 사회의 결정이 과학 연구에 미치는 극적인 영향을 잘 보여 준다. 현대의 과학 연구는 사회의 물적 · 인적 · 제도적 지원 없이 과학자 단독으로 수행할 수 없다. 다시 말해 사회적 합의에 의해 과학 연구가 날개를 달 수도, 혹은 날개가 꺾이고 추락할 수도 있다는 뜻이다.

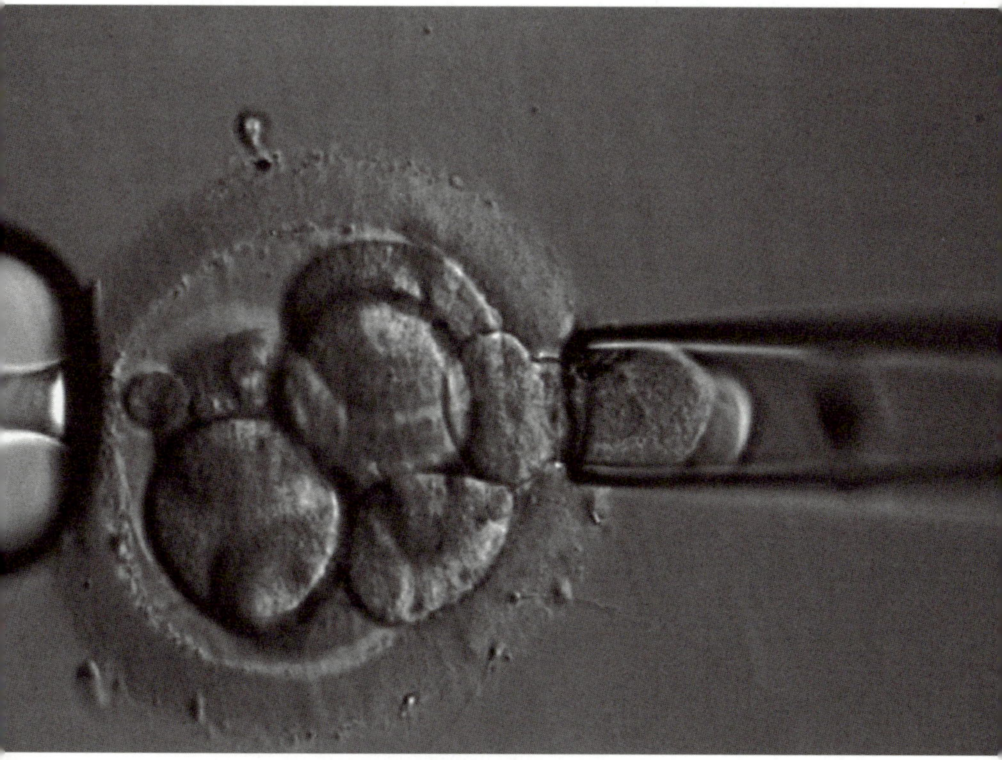

새로운 세계에 먼저 도착하는 자는 누구일까?

2008년 5월 20일 영국의 일간지 「가디언」지는 "브라운 총리가 '도덕적 노력' 법안에 대한 승인을 청원한 후에 영국하원은 혼합배아에 대해서 투표하기로 하다MPs vote for hybrid embryos after Brown makes plea to permit 'moral endevour'"라는 제목의 기사를 통해 영국에서 인간과 동물의 유전정보가 섞인 배아를 만드는 것이 가능해졌음을 알렸다. 영국은 세계 최초로 시험관 아기를 탄생시키고, 복제양 돌리까지 선보이는 등 생명공학 연구에서 상당히 개방적인 태도를 보이고 있다. 영국의 혼합배아 허용으로 인해 세계의 생명윤리도 어떤 식으로든 영향을 받게 될 것이라고 전문가들은 예측하고 있다.

것은 생명을 미리 죽이는 행위라는 비판도 있다. 따라서 연구자들의 단체 또는 국가가 이 문제에 개입하여 난자 추출 주기, 대상, 방법, 보상 등에 대한 상세한 규칙을 제정해야 할 것이다.

그런데 이러한 규칙이 어느 정도의 내용을 어떠한 강도로 담느냐에 따라 생명공학 기술은 지대한 영향을 받는다. 만일 인간 개체 복제에 대한 연구가 법으로 엄격히 금지된다면 이에 대한 연구는 정체될 수 밖에 없다. 물론 법의 눈을 피해서 연구를 계속하는 이들도 있겠지만, 그렇다면 적어도 발달 속도는 치명적으로 느려질 것이다. 따라서 우리가 개개인의 의지를 모아 사회와 국가의 운명을 정하는 민주주의의 시대에 살고 있음을 받아들인다면, 유전자 쇼핑 시대의 가능성은 과학 기술뿐 아니라 우리의 판단에도 달려 있음을 알 수 있다. 우리가 어떠한 자세를 가지고 제도적 · 사회적 장치들을 정비해 나가느냐에 따라, 앞으로 맞이할 유전자 쇼핑 시대의 모습이 달라질 것이다.

유전자 쇼핑 시대가 올 가능성이 상당히 커진 지금, 제도적 · 사회적 여건을 어떤 식으로 가꾸어 나가야 하는가? 장애가 될 만한 모든 장벽을 무너뜨려 생명공학의 질주에 무한 가속을 허용할 것인가? 아니면 엄격히 봉쇄할 것인가? 그것도 아니면….

열렬한 환영을 하든 절충점을 택하든 일단은 그 대상에 대한 판단이 서야 한다. 따라서 우리의 다음 과제는 유전자 쇼핑 시대의 여러 면모를 살펴봄으로써 '유전자를 쇼핑하는 시대가 와도 될 것인가?' 라는 질문에 대해 다각도로 고민해 보는 것이 될 것이다.

2

유전자를 쇼핑하는 시대, 와도 될 것인가?

어디에나 양면성은 있다. 화약은 산을 뚫는 공사 현장에서는 작업 기간을 획기적으로 단축시켜 줄 뿐만 아니라 인명 피해를 막아 주는 마법의 발명품이지만, 전쟁터에서는 수많은 생명을 앗아 가는 잔인한 무기이다. 원자력은 저렴한 가격에 안정적으로 전력을 생산할 수 있는 건설적인 에너지원이지만 인류 전체를 핵폭탄의 위협에 떨게 하는 위협과 공포의 대상이기도 하다. 생명공학 기술에도 이러한 양면성이 존재한다. 차이가 있다면 생명공학 기술은 인간을 더욱 인간답게 하는 생명의 근본 원리와 관련되어 있어 그 혜택도, 고통도 다른 무엇보다 극단적이라는 점이다. 따라서 생명공학의 발달로 인한 유전자 쇼핑 시대는 너무 쉽게 찬성할 수도, 무작정 반대만 할 수도 없다. 그러므로 찬성과 반대 사이에서 균형 잡힌 해답을 얻어 내기 위해 유전자 쇼핑 시대가 가져올 빛과 그늘에 대해 구체적으로 살펴보고, 과연 그러한 시대가 와도 될지 생각해 보는 것은 반드시 필요한 일이다.

유전자 쇼핑 시대의 빛: 건강하고 풍요로운 삶

생명공학 기술이 열광적인 지지와 거국적인 지원을 받고 있는 이유는 그것이 인간에게 보다 건강하고 능력 있는 삶을 살게 해줄 것이라는 기대 때문이다. 생명공학 기술의 발달로 인한 유전자 쇼핑은 인간이 그동안 극복하지 못했던 한계를 뛰어넘게 하면서 찬란한 미래를 약속하고 있다.

체세포 유전자 요법: 질병은 정복될 수 있을까?

미래에는 환자 개개인의 유전적 특성에 맞는, 보다 근본적인 치료법이 대거 등장할 것이다. 그 치료법 중의 하나로서 유전자 요법은 유전자의 결함으로 생기는 질환을 치료할 수 있을 것이다. 유전자가 어떠한 경로로 병을 일으키는지 밝혀지고 원하는 유전자를 환자의 세포 속으로 안전하게 전달하는 기술이 보완된다면, 질병의 원인이 되는 유전자를 개선하여 치료할 수 있게 되는 것이다. 유전자 요법은 세포의 설계도인 유전자를 직접 수정하므로 기존의 약물 치료에 비해 훨씬 효과적이고 또한 영구적일 것이다.

현재는 내과 질병을 치료할 수 있는 수단이 수술과 약물 치료로 한정되어 있다. 그러나 신체에 투여된 약물은 결국 분해되어 체외로 배출되므로 효과가 있더라도 한시적이다. 반면에 유전자 요법을 통해 세포에 주입된 유전자의 효력은 영구적이거나 최소한 약물보다는 장기적일 것이므로 기존 치료법의 한계를 극복하는 새로운 치료 수단으로 정착될 것이다. 그렇게 되면 인류는 더 건강한 삶을 누릴 수 있을 것이다.

PGD와 생식세포 유전자 요법: 맞춤 아기의 탄생

유전자 요법이 이미 발병한 유전성 질환을 치료한다면, 착상 전 유전자 진단법, 즉 PGD와 유전자 강화는 아기가 태어날 때부터 유전성 질환 없이 건강하게 태어날 수 있도록 도와준다.

먼저 PGD 기술이 보완되어 일반인들도 비교적 부담 없이 시술받을 수 있는 경우를 생각해 보자. 그렇다면 사람들은 여러 개의 배胚를 비교하여 그중 예상되는 형질이 가장 마음에 드는 배 하나를 골라 자궁에서 태아로 길러 낼 것이다. 남편과 아내의 유전자가 만나 발생할 수 있는 여러 가지 조합들 중 가장 마음에 드는 조합 하나를 고를 수 있다는 것이다.

그렇다고 부모가 100퍼센트 마음에 드는 자식을 얻을 수 있는 것은 아니다. 자식의 유전적 특징은 하늘에서 뚝 떨어지는 것이 아니라 부모 각각이 지니고 있는 특징이 결합된 것이기 때문이다. 예를 들어 부모 중 누구도 푸른 눈의 유전자가 없다면 자식이 푸른 눈을 가지기를 기대할 수 없다. 다만 다양한 후보들 가운데 부모가 상대적으로 바람직하다고 생각하

맞춤 아기, 정확하게 부르기

지난 과학 기사들을 검색해 보면 '맞춤 아기'가 2002년에 이미 영국에서 현실화되었음을 알 수 있다. 그러나 이들은 엄밀히 말해 '선택형'이지 '맞춤'은 아니다. 지금까지 태어난 몇 명의 맞춤 아기들은 먼저 태어나 불치병을 앓고 있는 형제에게 건강한 줄기세포를 제공할 목적으로 태어났다. 그러자면 맞춤 아기는 병을 앓고 있는 형제와 세포 조직이 완전히 일치하면서도, 형제가 지니는 질병 유전자는 없어야 했다. 이러한 조건에 맞는 정상적인 배아를 골라 탄생시킨 것이 맞춤 아기다. 그러나 사실은 특정 조건에 맞는 배아를 골라서 태어나게 했다는 점에서 '선택형' 아기라는 표현이 더욱 정확할 것이다.

는 아이를 선택할 수 있을 뿐이다.

PGD만으로도 인류는 보다 건강하고 능력 있는 삶을 누릴 수 있을 것이다. 그러나 배아의 유전자에 손을 대지 않고 여러 개의 배아 중 하나를 고르는 방법이기 때문에, 선택의 폭은 한정되어 있다. 그러므로 어떤 이들은 여기에서 더 나아가 아예 배아의 유전자에 손을 대서 아이의 형질을 원하는 대로 조작하고 싶어 할 것이다. 이러한 바람은 태아의 유전자 강화를 통해 이루어질 수 있다. 유전자 강화는 아기가 배의 단계일 때 유전자에 수정을 가함으로써 장차 태어날 아기의 건강과 능력을 적극적 · 원천적으로 개선하는 것이다. 즉 아기가 태어나기 전에 생식세포 유전자 요법을 시술하는 것이다. PGD에 의한 배아 선별의 결과가 '선택형' 아기라면, 태아의 유전자 강화의 결과는 진정한 '맞춤' 아기라고 할 수 있다.

선택형 아기든 맞춤 아기든 도덕적인 논란과 심리적인 거부감은 있겠지만, 이를 통해 태어난 아기 또는 그 형제에게 건강과 능력을 안겨 줄 것이라는 점은 부인할 수 없을 것이다. 물론 이 기술들에 안전성이 확보될 경우에 한해서이지만 말이다.

줄기세포 치료법: 손상된 신체기관도 되살린다

생명공학 기술의 발달이 인간에게 줄 수 있는 또 하나의 축복은 손상된 세포나 기관을 줄기세포를 통해 치료하는 것이다. 유전자 요법이나 PGD, 유전자 강화만으로 해결할 수 없는 문제도 분명 존재한다. 세포의 유전자에 이상이 생겨서 어떤 생체물질을 만들지 못해 질병이 생긴 경우, 유전자 요법에 의해 치료가 가능할 것이다. 그러나 아예 세포 자체가 손상되었거나 죽어 버렸다면? 유전자의 잘못된 부분을 정상적인 유전자 조각으로 대체하는 정도가 아니라 아예 세포 자체를 새것으로 교체해야 할 것이다. 그러려면 줄기세포를 분화시켜 새로운 세포를 얻어야 한다. 줄기세포는 신체의 모든 기관으로 자라날 수 있는 만능세포이다. 그러므로 줄기세포를 원하는 대로 분화시켜서 손상되거나 죽은 세포의 자리에 이식하면 세포의 손상으로 인한 질병을 치료할 수 있다. 유전자 요법이 병든 세포의 기능을 회복시키거나 강화시키는 데 반해, 줄기세포 분화를 통한 세포 이식은 손상된 세포를 아예 새 세포로 교체해 준다.

줄기세포의 분화를 통한 정상세포의 이식은 PGD나 유전자 강화가 해결할 수 없는 후천적 질환이나 장애까지도 해결한다. 교통사고나 화재 등으로 인해 세포나 기관이 손상되었을 때 PGD나 유전자 강화가 해줄 수 있는 것은 아무것도 없다. 그 환자는 유전자를 잘못 타고난 것이 아니라, 태어난 후에 겪은 사고로 인해 신체의 세포나 기관이 본래 기능을 상실했기 때문이다. 이 경우 줄기세포의 분화를 통한 정상세포의 이식은 훌륭한 치료법이 될 수 있다.

여기 교통사고로 인해 척수를 다쳐 전신이 마비된 환자가 있다고 치자.

이 환자의 몸을 원래대로 되돌릴 수 있는 길은 망가진 신체 부위, 즉 척수세포를 새것으로 갈아 주는 방법뿐이다. 그렇다면 건강한 척수세포는 어떻게 얻을까? 환자의 줄기세포를 척수세포로 분화시키면 된다. 이렇듯 줄기세포 관련 기술이 완성되면 후천적인 치료 역시 가능해진다.

체세포 유전자 요법, PGD와 유전자 강화(생식세포 유전자 요법), 그리고 줄기세포 치료법은 인간에게 건강하고 능력 있는 삶을 안겨 주는 3종 세트라고 할 수 있다. 각각의 치료법이 가지고 있는 방식과 원리가 다르기에 이들은 서로 상호보완적이다. 태어나기 전에는 PGD와 유전자 강화를 통해 불행의 씨앗을 제거하고, 태어난 이후 발생되는 불행은 체세포 유전자 요법과 줄기세포 치료법으로 해결한다. 유전자 이상으로 인한 생체물질의 부족으로 생긴 질병은 체세포 유전자 요법으로 치료하고, 세포나 기관 자체가 손상되어 아예 새로운 세포가 필요한 경우에는 줄기세포 치료법을 쓰면 된다. 이러한 생명공학 기술 3종 세트의 도움으로 인류는 보다 건강하고 능력 있는 삶을 누릴 수 있을 것이다.

인생은 짧다? 예술보다 길어진다!

유전자 쇼핑 시대에는 인간의 수명도 이전보다 늘어날 것이다. 지금까지 생활환경과 의료여건의 개선으로 인간의 수명은 꾸준히 증가해 왔다. 예전 같았으면 병이나 영양실조로 죽었을 많은 사람들이 살아남아 전체적으로 평균 수명이 늘어났기 때문이다.

그러나 유전자 쇼핑 시대에는 인간의 사망 시기를 늦출 뿐 아니라 노화 자체를 억제하여 오랫동안 건강하게 살 수 있게 될 것이다. 이미 동물 유전자의 일부를 조작했더니 수명이 늘어났다는 실험 결과도 보고되었다. 많은 과학자들이 인간에게서도 같은 효과를 기대할 수 있다는 데 의견의 일치를 보이고 있다. 노화 역시 결국 유전자와 깊이 관련되어 있기 때문에 유전자 요법을 통해 극복할 수 있다는 것이다.

현재 동물을 상대로 연구가 진행 중인 수명 연장 기술들이 있다. 여기서 그 내용을 상세하게 다룰 수는 없지만, IGF-1 수용체 유전자, 항산화 관련 유전자를 손보는 방법과 칼로리를 제한하는 방법 등이 있다. 다행인 것은 어느 기술을 사용하든 그것에 의해 수명이 연장된 동물들은 단순히 오래 사는 것을 넘어 같은 나이라도 이전에 비해 훨씬 활기차고 건강한 모습을 보여 준다는 점이다. 그 동물들은 나이를 먹어도 기억력과 학습 능력을 보다 오랫동안 유지하고, 늙은 동물에게서 나타나는 종양이나 동맥경화 등이 덜 일어나는 것으로 나타났다.

이와 같은 상황을 종합해 볼 때, 현재로서는 꿈 같은 이야기지만 유전자 쇼핑 시대에는 인간의 노화를 늦추는 약이나 유전자 요법이 개발될 것으로 예측된다. 그 결과 인간은 이전보다 훨씬 길게, 그리고 건강하게 생을 누릴 수 있을 것이다.

“어떤 아기이든 낳게 해드립니다”

현재 인간 개체를 복제하는 것은 엄격히 금지되어 있다. 앞서 살펴본 것처럼 기술적 위험과 윤리적인 반대 때문이다. 그런데 만약 이러한 반대를 딛고 인간 개체의 복제가 현실화된다면 어떤 혜택을 가져올 수 있을까? 그리고 그 혜택에는 어떤 한계가 있기에 적극 옹호되지 못하고 있는 것일까?

기술적인 설명은 모두 빼고 직접적인 결과만 말하자면, 인간 개체 복제는 한마디로 ‘시대를 초월하여 누군가의 일란성 쌍둥이 낳기’라고 할 수 있다. 여기서 누군가의 복제 개체를 만든다는 것은 동일한 존재를 한 명 더 만든다는 것이 아니라, 유전자가 동일한 아기를 얻는다는 뜻이다. 개체 복제를 한다 해도 태어난 후에 형성된 기억·경험·성격·수술 자국 등은 복제해 낼 수 없다. 게다가 원본과 클론 사이에는 시간 간격도 존재한다. 이렇게 보면 인간 개체 복제가 직접적이고 거대한 파급 효과를 가져오리라고 보긴 어렵다. 원본 인간이 평범하다면 클론 역시 마찬가지일 것이다.

그렇다면 ‘누군가를 본뜬 아이 하나 더 얻기’에 불과한 인간 개체 복제가 가져오는 혜택은 무엇일까? 우선 난치병 치료에 도움을 줄 수 있을 것으로 기대된다. 예를 들어 클론 인간은 원본 인간이 병에 걸렸을 경우 그에게 이식할 장기나 조직을 제공할 수 있다. 클론은 환자와 유전적으로 동일하므로 거부 반응의 위험으로부터 자유롭다. 그러나 장기나 조직 이식을 위해 인간 개체 복제가 필요하다고 주장하기란 쉽지 않다. 치료에 필요한 장기나 조직은 줄기세포를 분화시켜서도 얻을 수 있기 때문이다.

이것이 우리가 두려워하는 모습인가?
그렇다면 걱정하지 않아도 된다.
복제 인간은 이런 식으로 '찍어 내듯' 만들어지지 않을 것이다.

현재로서는 줄기세포 연구가 만족할 만한 수준에 오르지 않았기 때문에 인간 개체 복제가 유일한 대안일 수도 있다. 그러나 장차 줄기세포 기술이 발달하면, 이식에 필요한 장기나 조직을 클론에게서보다는 줄기세포로부터 찾는 편이 더 보편적일 것이다. 그렇다면 인간 개체 복제는 줄기세포 기술이 충분히 발달하기 전까지 필요한 일종의 '땜빵' 대안에 불과한 것일까?

꼭 그렇지만은 않다. 인간 개체 복제의 또 다른 혜택은 인간의 정서적인 면에서 찾을 수 있을 것이다. 사람은 자기의 유전자를 물려받은 아이를 원한다. 그러나 만약 부부 중 한쪽이 심한 유전병을 앓고 있으며 이 유전병이 자식에게도 나타날 것으로 보이는 경우, 이 부부는 자식을 낳고 싶어도 낳지 못할 것이다. 이때 부부 중 유전병이 없는 쪽을 복제하여 아이를 낳는다면 한쪽의 유전자나마 물려받은 자식을 얻을 수 있다. 만일 유전자 강화 기술이 발달한다면 유전병을 일으키는 유전자 자체를 사전에 치료할 수 있어 이 부부도 마음 놓고 자식을 낳을 수 있을 것이다. 따라서 유전병의 위험은 인간 개체 복제가 반드시 필요함을 납득시킬 수 있는 이유는 되지 못한다. 인간 개체 복제가 필요한 보다 절박한 사례는 자식을 낳을 수 없는 사람이 혈통을 이어야 하는 경우다. 예를 들어 자신 이외에는 가족이 모두 사망했는데 결혼이 여의치 않다든지 생식기능에 문제가 있는 사람이 있다고 가정해 보자. 이 경우 아이를 뱃속에서 키워 줄 대리모만 있다면 자신을 복제한 아이를 대리모를 통해 낳을 수 있을 것이다. 윤리적 · 정서적으로 훨씬 심한 반대를 불러일으키겠지만 더욱 극적인 예도 상상해 볼 수 있다. 사랑하는 자식이 죽었는데 그 아이의 유전자가 태반이나 혈액, 그 외에 어떤 형태로든 남아 있다면, 죽은 아이와 유전적으로 동일한 아이를 낳음으로써 부모가 위로를 받으려 할 수도 있을 것이다. 물론 이 경우에도 복제된 아이는 출생환경, 성장과정, 부모와의 추억 등이 모두 다르기 때문에 죽은 아이와는 인격적으로 전혀 다른 존재이다.

이런 사례들은 인간 개체 복제의 필요성에 대해 생각할 만한 여지를 던져 준다. 이에 비해 한때 화제가 되었던, 농구 천재 마이클 조던을 5명 복제해서 농구팀을 만들자느니 아인슈타인을 복제해서 과학 연구에 종사하게 하자느니 하는 구상은 절박함도 현실감도 훨씬 떨어진다. 우선 큰 업적을 남긴 인물을 복제하여 인류에 기여하도록 하자는 구상은 실현 가능성이 낮다. 그들의 유전자를 복제한다고 해서 업적까지 재현되는 것은 아니기 때문이다. 이러한 구상은 인간 개체 복제에 대한 오해 때문에 일어난다. 마이클 조던이나 아인슈타인의 유전자를 지니고 태어난 아이라도 실제 그들이 살아 온 삶의 경로, 경험, 노력을 그대로 따르지 않는다면 전혀 다른 사람으로 자라날 가능성이 크다. 게다가 클론 아기가 자라날 때까지 수십 년이 소요되고 실패 확률도 큰 이런 무모한 프로젝트를 추진할 국가 기관이나 사회단체는 없다.

그러나 개인적인 욕망에서 유명인의 클론을 얻는 것은 충분히 실현 가능하다. 타인의 정자를 기증 받아 아이를 낳는 '정자 기증 출산'은 까다로운 조건이 따르기는 하지만 이미 상용되고 있다. 돈을 목적으로 정자를 사고파는 일은 법의 제재를 받고 있다. 그러나 원하는 사람이 있다면 시장은 형성되기 마련이다. 인간의 유전자를 두고도 시장이 형성되지 않으리라는 법은 없다. 인간 개체 복제가 체외수정이나 대리모 출산처럼 널리 보급된다면 유명인이나 성공한 사람의 유전자를 타고난 클론을 원하는 경우 또한 많을 것이다.

현재로서는 제도적으로 봉쇄되어 있는 인간 개체 복제가 미래의 어느 시점에서 허용될지 아직은 알 수 없다. 그러나 만약 그것이 기술적으로 현실화되고 법적으로도 허용될 경우 일어날 일들은 예측할 수 있다. 이전 같으면 아이 얻기가 불가능했을 여건 속에서도 본인이나 배우자의 유전자를 지닌 아이를 얻는 것이 가능해질 것이며, 심지어 유명인의 클론도 자식으로 얻을 수 있을 것이다.

원하는 대로 낳고, 원하는 대로 존재하기

바이오 의약품이나 유전자 요법에 의한 유전자 쇼핑이 궁극적으로 의미하는 바는, 자연이나 신을 대신하여 나 자신이나 부모님이 나의 특징과 개성을 선택한다는 것이다. 이것이 의미하는 바 역시 양면적이다. 나쁘게 해석하자면 인간이 자연에 도전장을 내민 것이지만, 달리 보면 인간이 자연의 속박으로부터 자유로워져 스스로를 제어할 수 있는 능력을 손에 넣었다는 의미도 된다.
유전자 강화의 목적은 나의 자식이 행복하게 살아갈 수 있도록 건강과 능력이라는 선물을 안겨 주는 것이다. 그러나 인간의 형질은 단순히 건강과 능력이라는 두 가지 차원으로만 분류할 수 없다. 예를 들어 열대지

방에서는 흰 피부를 가진 사람이 피부암에 걸릴 확률이 높다. 그러나 현대 여성들은 뽀얀 피부를 원한다. 이렇듯 피부색은 건강과 관련된 문제인 동시에 미용의 문제이기도 하다. 머리카락이나 눈동자의 색, 비만, 대머리 등도 마찬가지다.

건강이나 능력과는 무관한 이러한 형질 역시 후천적인 유전자 요법을 통해서 선택이 가능하다. 2001년 버지니아 대학교의 스크래블H. Scrable 등은 멜라닌 색소의 생산을 관장하는 유전자를 추가하여 쥐의 피부색을 바꾸었다. 눈 색깔 역시 이와 유사한 방식으로 바꿀 수 있었다. 이론적으로는 인간에게도 똑같은 결과를 기대할 수 있기에, 인간 외형의 일부는 유전자 요법을 통해서 마음먹은 대로 바꿀 수 있을 것이다.

자기 자신이나 자식을 원하는 대로 바꾸는 기술은 신체적인 면에 한정되지 않는다. 유전자 요법은 인간의 기억력과 집중력을 높이고, 외부 스트레스에 강하고, 이성에 적극적이고, 인간 관계를 잘 유지하는 능력을 가지도록 도와줄 수 있다. 이렇듯 유전자 쇼핑 시대에는 자기 자신이나 태어날 자식을, 육체적인 면에서뿐 아니라 정신적인 면에서도 원하는 방향으로 바꿀 수 있다.

유전자 쇼핑 시대의 그늘:
신체 부작용과 사회적 파장

유전자 쇼핑 시대가 약속하는 찬란한 빛의 이면에는 그에 못지않은 어두운 그늘이 존재한다. 그 어둠의 1차적인 원인은 유전자 쇼핑을 위한 생명공학 기술이 아직은 완전하지 못하다는 데 있다. 그러나 불완전성이 극복된다 하더라도 불행과 갈등의 씨앗이 모두 사라지는 것은 아니다. 유전자 쇼핑을 안심하고 권할 수 없도록 만드는 기술적인 문제점들은 무엇인지, 유전자 쇼핑에 대해 근본적으로 고민해야 하는 이유는 무엇인지 살펴보기로 하자.

부작용은 정복되지 않았다

유전자 요법은 환자의 체내에 정상적인 유전자를 삽입함으로써 유전질환을 치료하는 방법이다. 이는 인체의 설계도에 이상이 있는 부분을 정상적으로 다시 그려 넣는 것이나 마찬가지다. 그렇기에 잠재적으로 막대한 효과가 기대되지만 동시에 위험 역시 존재한다.

체내에 OTC라는 효소가 부족했던 겔싱어Jessie Gelsinger라는 환자는 아직 임상 단계에 있던 유전자 치료를 받다가 1999년에 후유증으로 사망했다. OTC를 생산할 수 있는 정상적인 유전자가 바이러스에 실려 겔싱어의 체내에 주입되었는데, 이 바이러스에 대해 면역체계가 작동하여 적혈구와 바이러스 사이에 싸움이 벌어졌다. 이 과정에서 많은 적혈구가 파괴되어 다량의 단백질이 유출되었다. 겔싱어가 건강했다면 그 정도의 부작용은 문제되지 않았을 것이다. 그러나 OTC 부족을 앓고 있던 겔싱어는 적혈구의 시체, 즉 단백질을 제대로 분해하지 못하는 바람에 피가 굳어 버리는 지경에 이르게 된 것이다.

또 하나의 실패 사례가 있다. 한 질병은 유전자 치료를 통해 성공적으로 완치시켰으나 예기치 못하게 다른 질병을 불러일으킨 경우다. 2002년 프랑스의 연구팀은 유전자 요법을 성공적으로 마친 두 명의 환자가 백혈병에 걸린 것을 확인하였다. 원인인즉, 유전병을 치료하기 위해 바이러스에 실려 체내에 삽입된 정상 유전자가 하필이면 암을 억제하는 데 중요한 어떤 유전자의 위에 놓여진 것이다. 원래 자리를 잡고 있던 암 억제 유전자는 새로 주입된 유전자의 방해를 받아, 애초에 앓고 있던 유전병은 치료되었으나 도리어 백혈병이 발생했다.

어떤 이는 유전자 요법이 아직 임상 실험 단계이기 때문에 사고가 발생하는 것이며, 점차 안정화됨에 따라 부작용은 극복될 것이라고 낙관한다. 그러나 동시에 정반대의 해석도 가능하다. 유전자 요법은 아직 임상 실험 중이라 매우 극소수의 환자에게만 아주 조심스럽게 행해진다. 유전자 치료를 받은 환자의 숫자 자체가 적은데도 사고 소식이 들려온다는 것은, 많은 사람에게 행해질 경우 더욱 많은 피해가 발생할 수도 있다는 뜻이다.

물론 실패 역시 언젠가는 극복될 수도 있다. 안전성이 확보되기 전에는 유전자 요법이 많은 이에게 행해지지도 않을 것이다. 실제로 면역거부 반응이나 부정확한 삽입으로 인한 부작용을 해결할 수 있는 방법이 최근에 보급되기 시작했다고 한다.
그러나 문제는 아직 드러나지 않았을 뿐 또 다른 많은 위험이 도사리고 있을 가능성이 있다. 아직 인간은 인체에 대해 모르는 부분이 더 많다. 이따금 들려오는 유전자 치료의 부작용은 유전자 치료의 달콤한 유혹 이면에 미지의 위험이 도사리고 있음을 여실히 보여 준다.

인간 복제 역시 위험에 노출되어 있기는 마찬가지이다. 인간 개체 복제는 그것이 가져다 줄 수 있는 이득에 비해 위험의 크기와 논란의 정도가 크기 때문에 현재로서는 원천적으로 금지되어 있다. 그러나 줄기세포 배양의 경우, 복제된 배아의 줄기세포를 분화시켜 얻은 세포나 장기로 난치병을 치료할 수 있다는 희망이 있기에 엄격한 제약이 있기는 하지만 전면적으로 금지되고 있지는 않다.
인간 복제는 이렇듯 강력한 통제하에 있기 때문에 그 실험 과정에서 발생할 수 있는 부작용을 속속들이 알기 힘들다. 그러나 현재까지 밝혀진 것만 보더라도 인간 배아 복제의 경우 성공률이 매우 낮은 데다, 부작용 역시 많은 우려를 갖게 한다. 인간 개체 복제는 아직 그 부작용이 드러날 기회조차 없었다. 그러나 이미 수차례 행해진 바 있는 동물 복제를 통해 인간 개체 복제시 발생할 수 있는 부작용을 예측할 수는 있다.
지난 1997년 복제양 '돌리'가 태어난 이후 소와 쥐 등 각종 동물이 연이어 복제되었다. 이러한 동물 복제의 성공률이 3퍼센트 수준으로 매우 낮은 것도 문제지만 복제에 성공한 동물에게서 예측하지 못한 부작용이 무차별적으로 나타났다는 것이 2001년 「뉴욕타임스」에 보도된 바 있다. 복제된 쥐의 경우 한동안은 정상적으로 성장하였으나 나중에는 비만 또는 발달장애가 일어났으며, 복제된 소의 경우 심장이나 폐가 비정상적으로 비대해졌다. 복제양 돌리 역시 보통 양에 비해 절반밖에 살지 못하고 폐질환으로 죽었으며, 죽기 전까지 비만 · 관절염 · 세포의 비정상적인 노화 등으로 고생한 것으로 알려졌다.

복제 동물에게 일어난 다양한 부작용은 인간이 복제될 경우에도 치명적인 장애가 올 수 있음을 보여 준다. 이러한 부작용을 무릅쓰면서까지 우리는 생명공학 기술을 발전시켜야 하는가? 생명공학 기술이 잘 정착된다면 그것은 사람을 위해 충실히 봉사할 수 있을 것이다. 그러나 그 과정에서 벌어지는 희생은 어떻게 할 것인가? 결과가 좋다면 어느 정도의 희생은 불가피하다는 논리는 받아들일 수 있는 것인가? 생명공학 기술의 의학적 부작용은 그 빛 못지않게 어두운 그늘을 드리우고 있다.

'아직' 사람이 아니라면 파괴되어도 좋은가?

생명공학 기술의 실험 단계에서 발생하는 부작용을 극복하더라도 인간의 존엄성이 훼손될 여지는 여전히 있다. 그 논란의 중심에 생명공학 연구에 사용되는 배아가 있다. 배아는 아직 인간의 형상을 갖추고 있지는 않다. 그러나 배아가 인간으로서 존엄성을 가지고 있다고 주장하는 이들은 인간의 생명이 난자와 정자가 만나 수정란이 만들어지는 순간부터 시작된다고 본다. 따라서 수정란·배아·태아·신생아 등은 모두 인간이 수정란으로부터 시작하여 탄생하기까지의 단계를 크기와 형태에 따라 편의상 구분하여 붙인 이름일 뿐이며, 배아 역시 인간임을 주장한다.

따라서 난치병을 치료한다는 명목으로 복제된 배아로부터 줄기세포를 추출하는 것은 환자라는 한 생명체를 위해 배아라는 또 다른 생명체의 목숨을 희생시키기에 용납될 수 없다는 것이 배아줄기세포 기술에 대한 반대론자들의 주장이다.

인간 존엄성의 의미는 인간은 결코 수단으로 사용되지 말아야 한다는 데 있다. 인간은 생명을 가진 존재로서 사물처럼 교환되거나 대체될 수 없고 어떤 목적을 달성하기 위한 도구로 취급 받아서도 안 된다. 또한 인간이 그 자체로 중요한 목적성을 지니기 때문에 모두에게 인격과 자유 · 평등이 동등하게 보장되어야 한다. 그러므로 다수의 이익이라는 명분 아래 개인의 인권이 유린되어서는 안 된다. 현실적으로는 다양한 욕구를 가진 인간이 함께 살아가기 때문에 인간의 권리에 제약을 두지 않을 수 없다. 하지만 그렇다고 해도 신체의 자유, 양심과 사상의 자유 같은 기본적인 권리는 다른 목적에 의해 희생되어서는 안 된다. 그런 의미에서 배아를 기술에 이용하는 것은 논란이 될 수밖에 없는 것이다.

복제된 나는 '나' 인가, 아니면 누군가의 그림자인가?

정체성正體性, identity의 사전적 의미는 '변하지 아니하는 존재의 본질을 깨닫는 성질, 또는 그 성질을 가진 독립적 존재'이다. 간단히 풀어서 말하하자면, 정체성이란 '나는 누구인가?'라는 질문에 대한 답이라고 할 수 있다. 즉, 나를 특징짓고 나를 자리매김하게 하는 모든 것이다. 불교나 철학에서는 이 정체성이 이름이나 생김새, 부모 혹은 직책에 의해 설명될 수 없다고 이야기한다. 심오한 얘기다. 그러나 그런 심오한 관점 말고 상식적인 수준에서는 누군가의 정체성을 찾거나 규정하는 방법으로 크게 두 가지를 생각해 볼 수 있을 것이다. 하나는 그 사람이 지닌 신체적·정신적 개성을 통해서이고, 다른 하나는 타인과의 관계를 통해서이다.
인간 개체 복제는 누군가의 일란성 쌍둥이를 낳도록 인위적으로 손을 쓰므로 복제된 클론의 유전정보는 원본 인간과 동일하다. 이러한 유사성은 인간이 유일무이한 독자성을 가질 권리를 침해한다. 다시 말해서 내가 '나'다울 수 있는 권리, 독특한 정체성을 유지할 수 있는 권리를 침해한다는 것이 인간 개체 복제를 반대하는 이유가 될 수 있다.

인간 개체 복제가 사회적인 관계에 있어서도 혼란을 가져올 것이라는 의견도 있다. 복제에 의해 탄생한 클론 아기와 원본 인간 사이의 유전적·혈연적·사회적 관계가 일치하지 않을 경우, 클론은 '나는 누구인가?'라는 의문과 함께 갈등에 빠질 수 있다. 예를 들어 남편을 원본으로 삼아 복제된 아기는 분명 남편과 자라온 환경도 다르고 인격적으로도 전혀 별개의 존재이다. 그러나 아내의 눈에 아이와 남편의 모습이 겹쳐지는 것까지 막을 수는 없을 것이다. 아이와 남편은 사회적으로는 부자지간이지만, 유전적·혈연적으로는 일란성 쌍둥이기 때문이다. 부모로서 아들에게 느끼는 순수한 사랑 위에 이성으로서의 사랑이 조금이나마 더해지는 미묘한 상황에 빠지지 않으리라고 누가 장담할 수 있을까. 일란성 쌍둥이는 성격 등 정신적인 면까지는 아니라도 외모·체형 등 신체적인 면에서는 유사한 매력을 풍길 가능성이 높기 때문에 이러한 근친상간적 상황을 불러일으킬 위험도 있다. 이렇듯 인간 개체 복제는 한 개인이 지니는 독자성을 침해하고 자연적·사회적으로 생소한 관계를 만들어 냄으로써 인간 정체성의 혼란을 가져올 수 있다.

인간이 인간에 의해 만들어져도 될까?

유전자 쇼핑을 거쳐 태어나는 아이는 '낳아지는' 것이 아니라 '만들어' 진다고 할 수 있다. 아기의 잉태에 기술이 개입하여 부모가 원하는 모습을 지니고 태어나기 때문이다. 그런 면에서 유전자 쇼핑은 아이를 자율성을 지닌 존재가 아니라 부모의 욕구와 기대에 맞추어 조작되어도 좋은 대상, 또는 부모의 욕구를 충족시키기 위한 수단으로 여기게 만든다는 것이 비판론자들의 시각이다.

본질적으로 자식에 대한 부모의 사랑에는 조건이 없다. 따라서 부모는 자식이 어떤 사람이냐에 상관 없이 세상을 행복하게 살아갈 수 있도록 모든 지원을 아끼지 않는다. 여기서 말하는 '지원'이 부모로서 기대하는 기준에 맞추어 자식을 재단한다는 의미는 결코 아닐 것이다. 어느 부모든 자식에게 기대는 할 수 있겠지만, 자신의 기준을 강요하기보다는 자식이 스스로 갈 길을 찾아가도록 묵묵히 도와주는 것이 진정한 부모의 역할일 것이다.

그렇다면 자신의 기준에 맞추어 아기의 모습을 마음대로 조작하는 유전자 쇼핑 시대를 우리는 어떻게 받아들여야 할까?

유전자 쇼핑에 찬성하는 이들은 부모에게는 자녀가 성인이 될 때까지 책임질 의무와, 자식을 대신하여 의사결정을 내릴 수 있는 권리가 있다는 점을 근거로 든다. 이를 인정한다면 부모가 태어날 아이의 특성을 결정하거나 변화시키는 것이 틀렸다고 할 수는 없다는 것이다. 물론 아이에게 해가 되지 않는 범위 내에서 말이다. 이들은 아이에게 좋은 특성을 선물하기 위한 노력이 임산부의 태교와 다를 바가 무어냐고 반박하기도 한다.

그러나 태어난 아이에 대한 부모의 지원은 아이의 의사를 어느 정도 반영하는 데 반해 유전자 쇼핑으로 태어난 아이는 꼼짝없이 부모가 일방적으로 정한 특징을 받게 된다. 어느 아버지가 아이를 축구선수로 키우고 싶어 한다고 치자. 아버지가 어린 자식을 데리고 아무리 축구교실에 데려간다고 해도, 아이가 싫어한다면 아버지는 생각을 바꾸어야 할 것이다. 부모의 바람에 저항하기 쉽지 않겠지만, 어쨌든 아이는 자신의 길을 찾아갈 기회가 있다. 그렇지만 태어나기도 전에 축구선수로 자라도록 다듬어진 아이는 어떻게 저항할 것인가? 부모의 선물이니 순종해야만 할까? 아니, 그보다 아버지는 무슨 권리로 아이를 축구선수로 키우겠다고 결심한 것일까? 자식에 대한 애정은 인정하더라도, 유전자 쇼핑이 아이를 다른 이의 의지에 의해 조작당해도 무방한 도구적 존재로 만든다는 점은 부인할 수 없을 것이다.

"유전자 때문에 불합격입니다"라는 세상

유전자 쇼핑 시대에는 당연히 유전자 검사도 보편화될 것이다. 그런데 이 유전자 검사는 '유전적 차별'의 도구로 쓰일 가능성이 높다. 예를 들어 건강한 사람의 유전자 검사 결과, 언젠가 특정 질병에 걸릴 가능성이 높게 나온 경우를 상상해 보자. 이 결과가 질병에 대비하고 예방 치료를 하는 데 활용된다면 미래에 대비할 수 있을 테니 반드시 나쁘다고 할 수만은 없을 것이다.

그러나 이 정보가 회사나 보험사 같은 기업의 손에 들어가면 이야기는 달라진다. 만약 유전자 검사 결과 당신이 어떤 심각한 질병에 걸릴 가능성이 있다고 나타난다면, 당신이 지원하는 회사는 아마 채용 여부를 다시 한 번 생각해 볼 것이다. 또한 보험사는 당신을 고객으로 받아들이려 하지 않을지도 모른다.

이때의 유전자 검사는 현재 입사시험을 치르거나 보험 계약을 할 때 필요한 신체검사와 비슷하다. 조건을 만족시키지 못하면 통과하지 못하는 것이다. 차이가 있다면 미래의 유전자 검사는 현재뿐 아니라 미래의 '가능성'까지도 문제 삼는다는 점이다.

어떻게 보면 당연한 일이다. 회사로서는 열악한 작업환경을 개선하기보다는 스트레스나 환경에 유전적으로 내성이 강한 사람을 고용하는 편이 이익일 것이다. 또한 앞으로 병에 걸릴 가능성이 높은 직원은 다른 직원들에 비해 결근 등이 잦아 생산성이 떨어질 확률이 크니 채용하지 않는 편이 나을 것이다. 마찬가지로 보험회사는 질병의 가능성을 타고난 고객을 피하는 것이 이익이 될 것이다.
아직 벌어지지 않은 일을 가지고 사람에게 불이익을 주는 일. 그것이 합당하냐 아니냐를 따지기도 전에, 유전자 쇼핑 시대에는 이런 일이 사회 도처에서 벌어질 가능성이 크다. 결혼하면 회사를 그만둘 확률이 높다고 하여 여성 신입사원의 채용을 꺼리는 기업의 관행은 사회적 지탄을 받지만, 실제로는 많은 기업의 채용 담당자가 암암리에 여성을 차별하고 있듯이 말이다.

어머니, 왜 나를 이렇게 '만드셨'나요?

유전자 쇼핑 시대에는 세대 사이에 심각한 갈등이 발생할 수 있다. 그 원인 중 하나는 바로 나를 만드는 데 있어 중요한 선택이 나의 의사와는 무관하게 이루어졌다는 점이다. 부모의 선택에 의해 큰 키에 푸른 눈과 금발머리의 유전자를 타고난 여성은 부모에게 감사할 것인가, 아니면 "흑발이 더 좋았을 텐데요!"라고 푸념할 것인가? 축구광인 아버지는 축구선수로 대성할 수 있는 아들을 원했다. 그래서 유전자 조작을 통해 아들로 태어날 배아를 골라서 뛰어난 순발력과 평형감각, 공간지각력을 지닌 유전자를 심어 주었다. 이 아이는 나중에 아버지가 바라는 신체를 타고난 것을 숙명으로 받아들여야 하는가?
이렇듯 유전자 쇼핑 시대에 동참한 부모의 영향력은 매우 강력하다. 바로 그런 이유에서 유전자 강화로 태어난 아이는 타고난 특징이 좋은 것이든 나쁜 것이든 '설계되었다'라는 사실 자체에 분개하여 세대 간 갈등을 일으킬 수 있다. 유전자 강화 시술을 받지 못한 아이도 마찬가지다. 그들에게는 부모가 돈을 아끼지 않았더라면 남들에 비해 불리한 출발선에서 시작하지 않아도 됐었으리라는 원망이 생겨날 수 있다.

유전자 쇼핑으로 아이를 얻은 부모는 자식의 미래를 걱정하는 사려 깊은 부모인가, 아니면 자신의 아이조차 상품 취급하는 무정한 부모인가? 자식의 유전자 강화를 거부한 부모는 아이의 자율을 존중하는 자유로운 사고방식의 소유자인가, 아니면 아이에 대한 지원을 거부한 무책임한 이들인가?

유전자 쇼핑 시대에 발생할 수 있는 또 하나의 세대 간 갈등은 수명 연장에서 비롯된다. 현재는 경쟁이 비교적 같은 세대 안에서 벌어진다. 그러나 유전자 쇼핑 시대에는 경쟁이 세대를 초월하여 벌어질 가능성이 있다. 줄기세포 연구의 발전 덕에 인간의 주요 조직을 재생할 수 있는 단계에 이르면 불치병과 노화를 퇴치함으로써 건강하게 오래 살 수 있는 건강 수명이 길어질 것이다. 그러면 이들은 젊은 세대의 기회를 가로막으면서까지 은퇴 시기를 늦추려 할 가능성이 충분하다. 경쟁에서 도태되어 일선에서 물러날 경우에도 문제는 마찬가지다. 은퇴한 노인 인구 부양은 젊은이에게 부담으로 남겨질 것이다. 지금도 윗 세대의 평균 수명이 높아짐으로써 젊은 세대의 사회적 진출이 상대적으로 어려워지거나 윗 세대를 부양하는 젊은이의 부담이 커지는 현상이 뚜렷하게 보인다. 유전자 쇼핑 시대에 적극적으로 동참하든 하지 않든 이러한 변화는 모든 이에게 세대 간 갈등을 유발할 소지가 있다.

부자와 가난한 자 사이의 넘을 수 없는 벽

그런데 유전자 쇼핑에 따른 갈등으로 고민할 수 있는 자체가 행운이라면 어떨까? 이런 경우를 상상해 보자. 아버지는 아들이 커서 좋은 직장을 잡아 가난에서 탈출하기를 원했다. 그래서 아들이 남들보다 공부를 잘하는 데 도움이 되도록 기억력과 공간지각력을 강화하는 유전자를 사주고 싶었다. 그러나 사회적 약자인 아버지에게는 그럴 만한 돈이 없었다….

반면 아들과 경쟁하게 될 또래의 한 녀석은 부자 아버지 덕에 모든 능력과 가능성을 유전자에 타고났다. 아버지의 재산뿐 아니라 능력까지 말이다. 성공하는 데에는 선천적인 자질뿐 아니라 후천적인 노력 역시 중요하다고 하지만, 비슷하게 노력한다면 자연인이 유전자 강화를 통해 태어난 사람과 대등하게 경쟁하기란 불가능하다. 이른바 이 둘 사이에는 넘지 못할 사차원의 벽, 즉 '넘사벽'이 존재하는 것이다.

이렇듯 유전자 쇼핑 시대에는 경제력을 가진 사람만이 기술을 이용하여 자식의 운명을 최대한 유리한 방향으로 이끌어 갈 수 있다. 반면 아이에게 유전자 강화를 시켜 줄 만큼 넉넉하지 않은 사람들은 말 그대로 자식의 미래를 운에 맡길 수밖에 없다.

이런 현상은 자본주의 사회의 어쩔 수 없는 특징일까? 부잣집 부모들이 자녀를 학비가 비싼 사립학교나 고액 학원에 보내는 것이 문제될 것 없는 세상이라 하지만, 유전자 강화는 이와는 차원이 다른 수준의 '불평등'을 야기할 수 있다. 그러한 불평등의 결과 "개천에서 용 난다"라는 옛말은 정말로 옛말이 되어 버리고, 공정한 경쟁을 통한 계층 간의 이동은 찾아보려야 찾아볼 수 없는 추억 속의 장면이 되고 말 수도 있다.

유전자 쇼핑 시대에 대한 찬성 vs. 반대

올바른 비교를 하려면 같은 선에 서라

앞에서 우리는 유전자 쇼핑 시대의 빛과 그늘을 예측해 보았다. 그러나 우리가 살펴본 것들이 다는 아니다. 유전자 쇼핑 시대에 벌어질 일들을 세세하게 파고들자면 아마 몇 권의 책으로도 모자랄 것이다. 그것은 생명공학 기술의 발달이 가져올 변화의 폭 자체가 방대하기 때문이기도 하지만, 미래를 예측하는 데 있어서의 불확실성 때문이기도 하다.

미래는 아직 정해지지 않았고 유동적이기 때문에 다양한 시나리오가 있을 수 있다. 예를 들어 유전자 쇼핑의 금지가 과연 효과가 있을 것인가를 두고 서로 다른 예측과 해석이 있을 수 있다. 금지를 주장하는 쪽은 과거 핵무기 확산을 막기 위한 국제적인 공조가 어느 정도 성공을 거두었음을 근거로 공권력이나 국가 간의 협조하에 유전자 쇼핑을 통제하는 것이 불가능한 것만은 아님을 주장할 수 있다. 반대로 금지가 효과가 없음을 주장하는 쪽은 후손에게 유익한 능력을 주고 싶어 하는 것이 인간 본연의 욕구이며, 유전자 쇼핑의 금지는 이러한 욕구에 반대되기 때문에 결코 성공할 수 없음을 피력할 것이다.
이러한 상반된 예측은 현상을 해석하여 미래를 가늠하는 능력의 차이인 동시에 가치관의 문제이기도 하다. 가령 유전자 쇼핑의 금지가 효과가 있을 것이라는 주장은 유전자 쇼핑이 인간에게 해가 된다는 관점을 깔고 있다. 반면 금지에 반대하는 쪽은 유전자 쇼핑이 특별히 해가 된다고 생각하지 않거나, 부작용은 있겠지만 우수 형질을 되물림하려는 것이 인간의 본성이기 때문에 제약받아서는 안 된다는 생각을 바탕으로 한다. 여기서 금지가 소용이 없을 것이라는 주장도 있다. 하지만 이는 어쩌면 핑계에 불과할지 모른다. 유전자 쇼핑이 인류에 심각한 해가 된다고 생각한다면 통제가 어렵다고 해서 아예 포기하자고 주장하지는 않을 것이다.
이렇듯 유전자 쇼핑 시대에 얽힌 찬성과 반대는 예측의 문제인 동시에 철학적 · 윤리적인 가치관의 차이이기도 하다. "동일한 팩트(fact, 사실)를 두고도 의견은 엇갈린다"라는 표현은 바로 이런 경우를 일컫는 말이다.

본 장에서는 유전자 쇼핑 시대를 둘러싼 다양한 찬성과 반대 입장을 정리해 보았다. 찬성과 반대 입장의 바탕이 되는 예측도 이유도 실로 다양하기 때문에 같은 차원의 주장들끼리 묶는 것이 일단 필요하다.
종교적인 이유를 들어 유전자 쇼핑을 반대하고 있는 사람이 있다고 치자. 누군가 이 사람에게 유전자 쇼핑을 권장하고 널리 퍼뜨리는 것이 도리어 사회적 불평등을 감소시킨다고 주장한다면 그 사람은 지금 반대를 하는 것이 아니라 앞의 사람이 알지 못하거나 관심 없어 하는 주제를 이야기하고 있는 것이다. 그러므로 각 차원에서 서로 대립하는 점이 무엇인지를 살펴보는 것이 필요하다. 유전자 쇼핑에 대해 반대하는 이유가 종교적 차원에 관한 것이라면 적어도 그에 대한 반론 역시 종교나 철학의 차원에서 이루어져야 한다. 그렇지 않을 경우 속칭 '토론의 핀트가 맞지 않는' 경우가 생긴다. 이렇게 같은 대립점에서의 찬성과 반대를 비교해 보고 최종적으로 입장을 정하는 것은 독자의 몫이 될 것이다.

따라서 본 장에서는 유전자 쇼핑 시대에 관한 입장을 몇 가지 차원으로 나누어서 살펴볼 것이다. 찬성과 반대가 엇갈리는 몇 개의 명제는 크게 다음과 같다.

· 철학적 측면: 생명공학 기술은 인간의 정체성을 훼손하는가?
· 세계관 측면: 생명공학 기술은 자연의 조화에 대한 도전인가?
· 의료윤리 측면: 사람을 위한 기술, 그러나 그 과정상의 희생은?
· 제도·관리적 측면: 생명공학 기술, 통제가 대안일 수 있는가?
· 사회정의 측면: 유전자 강화는 민주주의에의 위협인가, 축복인가?

철학적 측면에서

우려론: 복제 · 조작된 나는 진정한 '나' 인가?

천재적인 피아니스트 이리스는 불치병으로 시한부 인생을 통고받는다. 그러나 그녀를 진정으로 괴롭히는 것은 죽음 그 자체보다도 죽음으로 인해 자신의 음악적 재능마저 이 세상에서 사라진다는 사실이다. 그 재능을 이어받을 존재를 간절히 바라던 이리스는 자신의 분신을 만들기로 한다. 그리고 복제의 권위자인 피셔 박사의 도움으로 자신의 클론인 시리를 낳는다. 시리는 이리스의 유전자를 그대로 물려받았다는 점에서 이리스의 클론이자 딸이다.

이리스와 시리는 어머니와 딸로서는 더할 나위 없이 친밀한 사이였다. 그러나 시리가 자신을 이을 훌륭한 피아니스트로 자라길 바라는 이리스의 마음은 종종 갈등을 빚어낸다. 시리를 훌륭한 피아니스트로 만들기 위해서라면 이리스는 냉정하기까지 하다. 그러던 중 피셔 박사의 계략으로 시리의 존재가 세상에 공개되면서부터 두 사람의 관계는 어머니와 딸이 아닌 원본과 클론 사이로 돌변한다. 여기에 시리가 성장하여 나이만 다를 뿐 이리스와 똑같은 여성으로 성장하면서부터 둘 사이의 갈등은 절정에 치닫는다. 원본과 클론이기에 너무나도 같을 수밖에 없는 이리스와 시리. 피아니스트로서, 한 남자를 두고 경쟁하는 연적으로서, 둘의 대립은 파국으로 향한다.

—영화 〈블루프린트Blueprint, 2003〉의 줄거리

나의 클론, 즉 나와 유전적으로 동일하여 일부 후천적인 형질을 제외하고는 타고난 외양과 형질이 나와 거의 같은 누군가가 세상을 활보한다고 생각해 보라. 내 존재의 독자성이 침해받는다는 생각이 드는 것은 아마도 자연스러운 본능일 것이다. 그러나 클론 역시 나에 대해 똑같은 느낌을 받을 것이다. 그런 면에서 인간 개체 복제는 자신이 세상에 유일무이한 존재라는 개인의 자각과 자부심에 대한 침해다.

이에 대해 인간 개체 복제를 찬성하는 진영에서는 개체 복제된 클론보다 일란성 쌍둥이들이 더 유사한 존재이며, 일란성 쌍둥이에 문제가 없다면 개체 복제된 클론 역시 마찬가지라고 주장한다. 확실히 일란성 쌍둥이는 클론처럼 동일한 유전자를 갖고 있을 뿐 아니라 유전적 구성, 환경까지도 같아 클론보다 훨씬 닮은 존재다. 그러나 클론은 일란성 쌍둥이와 달

리 인위적으로 탄생한다. 또한 클론과 원본 인간이 유전자 내용만 동일할 뿐 엄연히 별개의 육체와 정신세계를 지녔다지만, 클론은 원본 인간을 의식하지 않을 수 없으며 그로 인해 제약도 많이 받을 것이다.
어떤 이는 원본 인간의 시행착오가 클론에게 참고사항이 될지도 모른다고 말한다. 그러나 이는 클론이 겪게 될 제약들을 과소평가하는 무책임한 주장이다. 원본 인간의 삶이 클론에게 참고할 만한 선례가 될 수 있다고 치자. 그렇다고 원본 인간이 클론에게 족쇄로 작용될 가능성이 적다고 할 수 있는가? 그게 아니라면 우리는 예상되는 피해에 더욱 귀를 기울여야 하는 것 아닌가?

클론은 원본과의 사이에서뿐만 아니라 타인과의 관계에서도 혼란을 가져올 수 있다. 예를 들어 족보상으로는 부녀 사이지만 유전적으로는 핏줄이 전혀 섞이지 않은 관계가 있을 수 있다. 남편의 생식 기능 이상으로 아내를 복제한 딸아이를 낳은 경우가 그 예가 될 수 있을 것이다. 이때 딸에게 아버지는 유전적, 혹은 혈연적으로는 아무 관계가 없는 남남이다. 아이가 이 사실을 자연스럽게 받아들일 수 있을까? 아무리 인간이 개성을 추구한다지만 출생 과정, 가족 구성만큼은 남들과 다를 것 없기를 바라는 것이 보통이다. 많은 이들이 논리적·이성적으로는 하등 이상할 것이 없는 편모·편부 여건조차 콤플렉스로 느끼고, 출생과 가족 관계에 대한 사소한 뒤틀림이 숱한 가정불화와 탈선을 낳기도 하는 것이 현실이다. 그러므로 복제로 인한 비정상적인 인간 관계가 정체성의 혼란과 갈등을 불러일으키지 않으리라는 낙관은 믿기 어렵다.

"파란 약을 먹으면 여기서 끝일세.
침대에서 깨어나 자네가 믿고 싶은 걸 믿게 되는 거야.
반대로 빨간 약을 먹으면 자네는 이상한 세계에 남게 돼.
토끼 구멍이 얼마나 깊은지 내가 자네에게 보여 주지."

— 영화 〈매트릭스the Matrix, 1999〉중에서 모피어스가 네오에게

"이 스테이크가 존재하지 않는다는 건 당신도 알고 나도 알아. 내가 이것을 입 안에 넣으면 매트릭스가 그 즙이 맛있다고 나의 두뇌에 말하는 것도 알아. 9년 만에 내가 깨달은 게 뭔지 당신은 아시오? 모르는 게 약이다."

네오와 모피어스를 배반한 싸이퍼가 매트릭스의 하수인 스미스 요원에게

위의 두 대사는 모두 영화 〈매트릭스the Matrix〉에서 발췌했다. 주인공 네오는 실제 같지만 사실은 존재하지 않는 가상 세계에서 통제된 삶을 살면서도 그것을 모르고 있었다. 인류가 컴퓨터에 의해 양육되면서 매트릭스라는 가상 공간을 현실로 알고 그 안에서 살아가고 있었던 것이다. 그러나 진짜 현실에서는 매트릭스에 대항하여 소수의 사람들이 투쟁을 벌이고 있었다. 모피어스는 그 무리의 리더이다. 어느 날 진실을 알고 있는 모피어스가 네오에게 다가와 선택권을 준다. 파란 약을 먹으면 가상 세계에서 자기가 믿고 싶은 대로 믿으며 살 수 있고, 빨간 약을 먹으면 실제 세상에서 불편한 진실에 맞서 살아가야 한다는 것이다. 그것이 바로 위에서 첫 번째 대사가 의미하는 바다.

영화 속에서 네오는 빨간 약을 고름으로써 고통스럽지만 진짜 현실에 맞서는 쪽을 택했다. 그러나 관객들 중에는 자신이라면 그냥 파란 약을 선

택하고 가상 세계에서 편하게 살았을 거라고 말하는 사람들도 상당수 있었다. 물론 영화 속에서도 그러한 선택을 한 사람이 있었고 말이다. 두 번째 대사는 매트릭스를 지배하는 컴퓨터와 타협하여 가상 세계로 돌아가기로 한 싸이퍼라는 등장인물의 심경을 담은 것이다. 그는 지긋지긋한 현실과 싸우는 데 지쳐, 비록 가짜지만 마음 편하게 원하는 것을 누릴 수 있는 매트릭스로 돌아가기로 결심했다.

정신과 관련하여 약품들과 유전자 요법이 선사하는 효과는 바로 현실과 매트릭스의 경계에 있다. 지금도 인간의 기억력이나 주의력과 같은 정신적인 능력을 강화시켜 주거나 긍정적인 감정을 유도하는 약품들이 존재한다. 더 나아가 유전자 요법은 앞에서 살펴본 것과 같이 약품 치료에 비해 여러 가지 장점이 있기 때문에 정신과 치료의 대안으로 자리 잡을 가능성이 크다.

약품이든 그것을 대체할 유전자 요법이든 무엇인가를 이용해서 내 감정을 원하는 방향으로 이끌 수 있다는 것이 중요하다. 지금도 우울증을 느끼는 사람들은 우울증 치료제인 프로작을 복용하여 감정을 다스릴 수 있다. 프로작은 이미 전세계인들이 사용하고 있는, 한마디로 '행복 제조제'이다. 우리나라에서는 이 약이 생소하지만 미국에는 일상화되어 있어서 우울증 환자는 물론이고 가족과 사별한 사람들, 실연당한 젊은이, 심지어 애완동물을 잃어버린 꼬마까지 프로작을 복용한다. 현재 프로작은 정신적 상태를 의도하는 대로 이끌 수 있는 드문 사례이지만, 앞으로는 이러한 약품이 더욱 다양해질 것으로 보인다. 비록 임상실험 단계이지만, 유전자 요법을 통해 가져올 수 있는 정신적 효과는 기억력 · 주의력

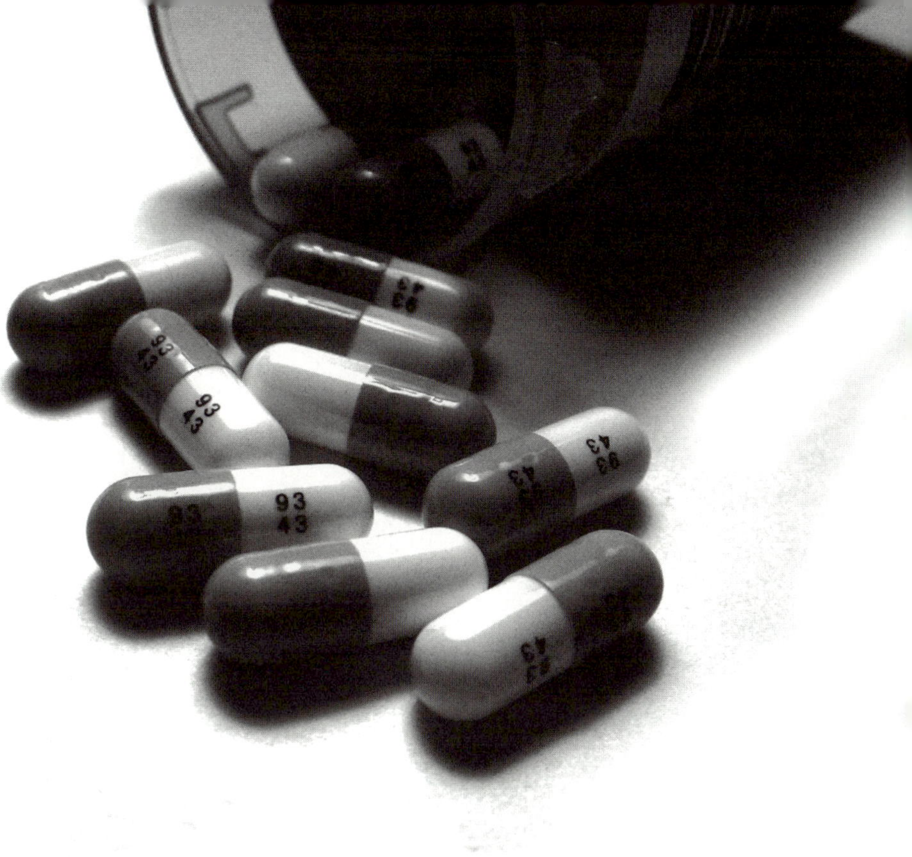

프로작이 행복을 찾아 드립니다

미국의 엘라이 릴리 제약회사가 개발한 약으로 1987년 FDA(미국식품의약국)에서 승인받아 전 세계적으로 가장 많이 사용되는 항우울제로 자리 잡았다. 미국인들이 프로작을 수시로 애용한다고는 하지만 그렇다고 슈퍼마켓에서 마음대로 살 수 있다는 뜻은 아니다. 다만 미국인들은 조금만 우울해도 정신과 치료를 받는 데 주저함이 없기 때문에 어렵지 않게 약을 처방받는다. 그들에게는 우울할 때 정신과를 찾는 것이 우리가 감기에 걸렸을 때 병원을 찾는 것만큼이나 자연스러운 일이다.

의 강화, 타인과의 관계 개선, 분노 해소, 통증 완화, 연애 성향의 증가 등 실로 다양하다. 기억력과 집중력이 강화되어 성적이나 일의 성과가 좋아지고, 대인 관계가 원만해져 주변의 평판이 오르거나 승진이 빨라지고, 화를 잘 억제하기 때문에 온화한 사람으로 통하며, 연애할 때도 적극적인 사람이 된다면? 스스로도 이전보다 만족감을 느끼는 가운데 주변의 평가도 좋아질 것이다. 한마디로 이전보다 행복해질 수 있는 것이다.

정신의 상태를 바꾸어 주는 미래의 기술들이 현실과 매트릭스의 중간쯤에 있다고 얘기한 것은 이 때문이다. 물론 이러한 기술들은 매트릭스처럼 가상의 세계를 창조해 낸다거나 누군가를 본인의 의사와 관계없이 외부와 단절시키지 않는다. 다만 현실에 굳건히 발을 붙인 채로 원하는 부분에 한해서 누리고 싶은 정신 상태를 선택할 수 있는 것이다.

그러나 이것은 스스로의 노력이 아닌 과학의 힘을 빌려 달성된 결과이다. 누군가 분노를 억누르는 약을 복용했다면 그는 일시적으로 분노에서 자유로워진다. 만약 유전자에 수정을 가하여 영구적으로 분노 성향을 누그러뜨렸다면 그는 의도에 따라 스스로를 개조한 것이다. 이러한 기술을 사용한다는 것은 자연스러운 나를 받아들이고 살기보다는 과학의 도움으로 원하는 것만 골라서 믿고 느끼며 살겠다는 의미이다. 그런데 그렇게 개조된 나는 진정한 '나'일까? 테크놀로지의 도움으로 '만들어진 나'는 아닌가? 누군가는 테크놀로지의 힘을 빌려 자신을 바꾸는 것이 질병을 치료하는 것과 뭐가 다르냐고 되물을지도 모르겠다. 그러나 정신적인 고뇌에 맞서 해결하기보다는 아예 잊어버리겠다는 개인, 그리고 그렇게 손쉬운 방법을 권장하는 사회는 분명 되돌아봐야 한다. 그러한 방법이 생활 곳곳에 뿌리내릴 때, 우리는 스스로를 속여 가며 안락함을 택한 싸이퍼의 길을 걷게 될지도 모른다.

철학적 측면에서

무관론: 누군가를 닮은 나? 그래도 여전히 나다!

"영국과 오스트리아 연구진이 쌍둥이 연구를 통해 복제 인간이 태어날 경우 이들도 보통 사람들처럼 자신만의 개성을 느끼게 될 것이라는 결론을 내렸다고 BBC 뉴스 인터넷판이 17일 보도했다. …일란성 쌍둥이들을 면담한 결과 이들은 유전자가 자신들의 개성을 형성하는 데 제한적인 역할만을 하는 것으로 믿고 있다고 밝혔다. …일란성 쌍둥이들은 종종 독립된 개인이 아니라 한 쌍 가운데 하나라는 세상 사람들의 선입견에 시달리기는 하지만 쌍둥이로 태어났다 해서 개성이 손상되는 것은 아니라고 대답했다. …연구진은 이런 연구를 바탕으로 복제 인간은 누군가 다른 이와 같은 유전자를 갖고 있다는 것 때문에 자신의 개성이 훼손된다고 생각하지는 않을 것이며 유전자를 나눠 가진 사람과의 관계를 긍정적으로 평가하고 자신의 독특한 존재를 부정적으로 보지 않을 것으로 추정했다. …일란성 쌍둥이들은 동시에 태어났다는 점에서 시차를 두고 태어난 복제인간과 다르지만 같은 유전자를 갖고 있다는 점에서 이런 의문을 어느 정도는 풀 수 있을 것이라고 말했다."

— 「연합뉴스」 2006년 7월 18일자 기사 "복제 인간도 개성 느낀다" 중에서

우선 많은 사람들이 생명공학에서의 '복제'에 대해 오해하고 있는 점부터 짚고 넘어가자. 흔히 '복제'라는 단어는 특정한 대상을 그대로 본뜬

것을 의미한다. 그래서 인간 개체 복제가 화두가 되었을 때 사람들이 보인 반응은 '어떤 사람의 복사본을 만드는 것'에 대한 거부감이었다. 그러나 복제된 인간과 클론의 공통점이라고는 DNA에 담겨 있는 유전정보뿐이다. 같은 유전정보를 가지고 시작하였으나 발생 과정도, 성장 과정도 다르기 때문에 클론은 원본 인간과는 다른 사람이 될 수밖에 없다. 유전적으로 동일한 구성을 가진 일란성 쌍둥이도 엄연히 다른 인격과 정체성을 지닌다. 하물며 원본 인간과 클론은 자라온 시기도 다르고 영향받은 문화도 다르니 오죽하겠는가. 이들은 쌍둥이들만의 공통점도 갖기 힘들다. 그러므로 클론이 원본 인간의 복제판이라는 생각은 한낱 오해일 뿐이다. 최근 들어 인간 개체 복제가 누군가의 정체성을 그대로 복사한다는 오해는 예전보다 많이 줄어든 것 같다. 대신 이제는 클론이 겪는 사회적 관계에서의 혼란에 주목하고 있다. 클론이 원본 인간의 모습을 보고 미래의 모습을 미리 알게 됨으로써 심리적 제약과 상처를 받는다는 주장도 있다. 물론 원본과 클론이 보여 주는 외형적인 유사성 때문에 이 둘의 삶이 비교되는 경우도 있을 것이다. 우리는 종종 부모를 보며 자식의 미래를 예측하기도 한다. 비만인 부모를 보고 자식의 비만을 예측하듯이 말이다. 그러나 정신적인 면에서의 미래는 한껏 열려 있으며 아무것도 확정된 것이 없다. 클론은 원본 인간과는 상당히 다른 시대에 다른 방식으로 키워짐으로써 원본과는 다른 인생을 살게 될 것이기 때문이다.

클론이 기존 인간 관계의 질서를 어지럽힐 수 있다는 주장에 대해서는 두 가지 반론이 있을 수 있다. 첫째로 원래 인간 관계는 시대의 변화에 따라 바뀐다. 대가족 제도는 핵가족 제도로, 부모 자식으로 구성되던 가족은 한부모가정, 일인가정 등으로 변하고 있다. 그러므로 지금은 자식이 부모 양쪽의 피를 반반씩 물려받는 것이 일반적이지만 미래에는 부모 중 어느 한쪽의 피만 물려받은 복제된 자식도 받아들여질 것이다. 둘째, 클론으로 태어난 자식이 혼란을 겪기는 하겠지만, 그런데도 개체 복제를 무릅쓸 것인지 여부는 부모의 선택에 맡길 문제이지 사회가 나설 문제는 아니다. 자식을 사랑한다는 전제하에, 개체 복제를 해야 할 만큼 절박하고 강렬한 동기와 자식이 받을 수 있는 상처 사이에서 고민하고 결정을 내리는 것은 부모의 역할이라는 것이다.

이와 같이 인간 개체 복제가 현재의 일반적인 출산에 비해 '특별히' 클론이나 원본 인간의 정체성을 훼손한다고 볼 여지는 없다. 클론이 겪게 될 갈등이나 압박이 여느 부모 자식 관계, 또는 입양으로 맺어진 관계에 비해 특별히 심할 것이라고 볼 근거는 없기 때문이다.

"내 병은 마음의 병이니 내 마음, 즉 나의 의지로 고칠 수 있다고 생각하는 사람들이 많다. 물론 경한 노이로제나 경한 우울증 등은 본인의 의지나 규칙적인 운동 등으로 고칠 수 있다. 그러나 심한 불안증, 심한 우울증, 정신분열병, 기분장애(조울병), 대인 기피증, 강박증, 의처증, 스트레스에 의한 자율신경계 장애 등은 본인의 의지만으로는 고치기 어렵다.

약을 쓰면서 본인의 의지, 즉 규칙적인 생활, 올바른 생활, 신앙 생활, 규칙적인 운동, 취미 생활 등을 겸하면 더욱 좋다. 또한 약을 복용하면 의지가 더욱 굳어진다. 약이 의지를 높일 뿐 아니라 기분도 좋게 하고, 쓸데없는 잡생각도 줄이고, 그릇된 판단도 고쳐 주며, 망상과 환각도 소멸시켜 준다. 이는 약에 의해서 마음이 영향을 받고 있음을 말해 준다.

부모나 보호자들이 볼 때는 위에 열거한 병에 걸린 환자가 게으르거나 의지가 약해서 집에만 처박혀 있고 사람 만나기를 회피하는 것으로 보일지 모르나 사실은 그렇지 않다. 게으르고 두려워하고 쓸데없는 걱정을 하고 우울해지는 것은 마음이나 의지가 약해서 그런 것이 아니다. 머릿속에 있는 신경호르몬인 도파민, 노르에피네프린, 세로토닌, 아세틸콜린, 가바, 글루타메이트, 엔돌핀 등 호르몬들의 균형이 깨어져서 생긴 병이다.

그러므로 약을 쓰면 이런 호르몬들의 균형이 맞아져서 병이 낫게 되는 것이다. 이런 호르몬들의 불균형이 생기는 원인에는 여러 가지 학설이 있다. 그러나 타고난 소질과 스트레스 등의 환경적인 영향이 합쳐져서 생긴다고 보는 것이 대체적으로 용인되고 있는 학설이다."

— 대구광역시의사회 홈페이지 www.tgma.org에 실린
경북의대 정신과 강병조 교수의 "정신약물학의 이해" 중에서

테크놀로지의 도움을 통해 자신의 모습을 바꾼다고 정체성까지 변하는 건 아니다. 그 이유는 첫째, 테크놀로지로 인해 나의 정신이 겪는 변화가 일상에서 겪는 변화와 본질적으로 다르지 않기 때문이며, 둘째, 그러한 변화는 어디까지나 개인의 선택에 달린 문제이기 때문이다. 우선 우리는 매 시간마다 변하고 있다. 받아들이는 정보에 의해 인간의 머릿속은 항상 변화한다. 먼저 저장된 기억 위로 새로운 기억이 덮어쓰이기도 하고, 오래된 기억들은 보다 최근의 다른 기억들에 방해받기도 한다. 그렇다고 이러한 변화가 당신의 정체성을 훼손하는가? 그렇지 않다. 누구도 내가 시간의 흐름에 따라 변한다고 해서 정체성마저 바뀌었다고는 이야기하지 않는다. 그런 의미에서 고정불변의 정체성이라는 것은 존재하지 않으며, '나'는 설령 어떠한 변화가 있었다고 해도 언제까지나 '나'인 것이다.

문제는 그러한 변화가 개인의 의지나 자연스러운 외부의 영향에 의해서가 아니라, 누군가의 의도에 의해서 혹은 본인의 의지에 반反해서 이루어질 경우 발생하는 주체성의 훼손일 것이다. 예를 들어 세뇌나 고문, 또는 주위의 강압이나 사회적 억압이 주는 공포에 의해서 변하는 경우가 그것이다.

정체성이 의미하는 바를 '나다움, 나의 개성'이라고 한다면, 주체성이 무시될 경우 정체성도 의미가 없다. 과학을 통해 나의 정신적 성향을 개선하는 것 역시 나의 자발적인 의지의 결과라는 점에서 볼 때, 약물이나 유전자 요법이 나의 정체성과 주체성을 훼손한다고 할 수 없다. 테크놀로지에 의한 변화와 일상에서 일어나는 자연스러운 변화에 차이점이 있다면, 전자에 주체적인 결정이 적극적으로 반영되었다는 정도이다. 분노를 잘 참지 못하는 사람이 약품이나 유전자 요법의 도움을 받는다면, 그것은 그 사람이 온화한 성품을 원해서 스스로 테크놀로지의 도움을 '선택'한 것뿐이다. 알코올 중독에 시달리는 사람이 스스로 요양원에 감금되기를 택했다고 치자. 그가 요양원 생활 도중 술이 그리워 탈출 시도를 했는데 다시 요양원 혹은 술집을 택할 수 있는 기회가 주어졌을 때 요양원행을 택했다면? 이 경우 알코올 중독자가 그의 정체성이며 테크놀로지의 도움으로 알코올 중독에서 탈출하려는 것은 스스로의 정체성을 훼손하는 행위라고 볼 것인가? 그렇지 않다. 이렇듯 일상생활이 가져다 주는 변화와 테크놀로지가 가져다 주는 변화는 정도의 차이는 있겠지만 본질적으로 같다. 그러므로 그러한 변화가 자신의 선택에 의한 것이라면 그것이 자신의 정체성을 훼손한다고는 볼 수 없을 것이다.

반대론: 욕망에 사로잡힌 인간, 그러나 자연에 도전할 수는 없다

> 온 세상이 한 가지 언어를 쓰고 있었다. 물론 낱말도 같았다. 사람들은 동쪽으로 옮겨 오다가 시날 지방의 한 들판에 이르러 자리를 잡고 의논하였다. "어서 벽돌을 빚어 불에 단단히 구워 내자." 이리하여 사람들은 돌 대신에 벽돌을 쓰고, 흙 대신에 역청을 쓰게 되었다. 또 사람들은 의논하였다. "어서 도시를 세우고 그 가운데 꼭대기가 하늘에 닿게 탑을 쌓아 우리 이름을 날려 사방으로 흩어지지 않도록 하자."
> 여호와께서 땅에 내려오시어 사람들이 이렇게 세운 도시와 탑을 보시고 생각하셨다. "사람들이 한 종족이라 말이 같아서 안 되겠구나. 이것은 사람들이 하려는 일의 시작에 지나지 않겠지. 앞으로 하려고만 하면 못할 일이 없겠구나. 당장 땅에 내려가서 사람들이 쓰는 말을 뒤섞어 놓아 서로 알아듣지 못하게 해야겠다."
> 여호와께서는 사람들을 거기에서 온 땅으로 흩어지게 하셨다. 그리하여 사람들은 도시를 세우던 일을 그만두었다. 여호와께서 온 세상의 말을 거기에서 뒤섞어 사람들을 흩어 놓으셨다고 해서 그 도시를 바벨이라고 불렀다.
>
> — 창세기 11장 1-9절 바벨탑 이야기

바벨탑 이야기는 하늘에 닿겠다는 인간의 교만을 신이 제지한 것으로 해석된다. 그런데 여기서 '신'을 자연으로 대체한다면, 바벨탑 이야기가 주는 교훈은 '자연에 도전하지 말라'라는 의미가 될 것이다.

생명공학의 발달을 우려하는 입장 중 하나는, 그것이 인간에게 허락된 영역을 넘고 자연의 섭리를 거스른다는 것이다. 분명 생명과 유전현상은 자연의 영역이다. 그런데 금세기에 와서 판도라의 상자와도 같은 유전자의 연구가 폭발적으로 진행되면서 놀라운 결과들이 쏟아져 나오고 있다. 이러한 시도들은 노화 및 질병 예방이나 장기 이식 등 인간의 생명을 둘러싼 복지 문제에서 그 정당성을 찾고 있지만, 동시에 생명 복제의 불안전성, 인간의 주체성과 존엄성 파괴, 생물학적인 불평등, 생명공학 기술의 상업화, 생태의 불균형 등에 대해서는 외면하고 있다.

생명의 질서를 존중하기보다 과학 기술을 신봉하는 이러한 태도는 지난 수세기에 걸쳐 굳어진 것이다. 17세기 데카르트 이후 과학은 자연을 정신과 물질로 나누고 이들이 독립적인 것처럼 취급하였다. 물질을 죽은 것, 인간과는 완전히 분리된 것으로 하고(이분법), 물질 세계를 제각기 다른 객체의 집합으로 보는 시각을 제공한 것이다. 뉴턴은 여기에 기계론적 역학을 구축함으로써 고전물리학의 기반을 다졌다. 뉴턴의 기계론적 우주 모형은 17세기 후반부터 20세기 초에 이르기까지 과학사상의 전반을 지배했다. 이분법 · 기계론에 입각한 세계관은 자연을 탐구의 대상으로 바라봄으로써 과학 기술의 발전에 이바지한 면도 크지만, 동시에 자연을 정복의 대상으로 격하시켜서 인간이 자연을 마음대로 파괴하고 조작하는 풍조를 만연시키는 데도 일조했다.

그러나 자연과 인간 사이에는 분명 상호연관성이 있다. 그러므로 인간이 자기 입맛에 맞추어 스스로를 바꾸어 가겠다는 것은 예기치 못한 부조화와 부작용을 일으킬 가능성이 높다. 그러한 사례는 이미 무수할 정도다. 예를 들어 20세기 초 미국의 어느 국립공원에서 여우가 늘어나자 토끼 수가 너무 줄어들 것을 우려해서 대대적으로 여우 사냥에 나섰다. 처음

과학으로 인해 자연은 죽었다

"생생하게 숨을 쉬던 자연이 죽음을 맞이했다. 반면, 생명을 갖지 않는 죽은 화폐에 생명이 주어졌다. 자본과 시장이 차츰 성장과 강한 능동성, 풍요, 악함, 붕괴, 파멸이라는 유기적 특성을 보이게 되고, 경제 성장 및 발전을 가능케 하는 생산과 재생산의 사회 관계를 모호하고 신비한 것으로 만들었다. 자연이라든지 여성, 흑인, 임금노동자라고 하는 것들이 새로운 세계 체제를 위해 '천연의' 인적 자원이라고 하는 새로운 지위를 부여받게 되었다. 이러한 전환이 '합리성'이라는 이름으로 불리게 된 것은 아마도 최대의 아이러니일 것이다."

– 캐롤린 머천트의 『자연의 죽음』(2005, 미토) 중에서

에는 토끼의 천적인 여우가 사라지자 의도했던 대로 토끼가 늘어났다. 그러나 얼마 뒤에는 토끼의 수가 너무 많아져서 공원 내의 초목이 초토화되었다. 결국 공원의 식물 환경이 황폐해졌을 뿐 아니라 토끼들도 먹이 부족으로 줄줄이 죽어 나갔다. 토끼의 천적을 잡으면 토끼 수가 늘어날 것이라는 단순한 인과 관계를 믿고 실행에 옮김으로써 더 큰 부작용을 낳은 사례이다.

아울러 생각해 봐야 할 것은 인간이 개입하여 유전자 분포에 영향을 주게 될 가능성이다. 이는 과연 바람직할까? 한 가지 예를 들어 보자.
생물들을 둘러싼 환경은 시시각각 변화한다. 지금의 환경을 A, 변화된 환경을 B라고 하자. A 환경에서 가장 좋은 유전자는 B 환경에서 최악의 유전자일 수도 있다. 전통적 감기 바이러스에 대해서는 비교적 강한 저항력을 보이던 유전자 조합의 인간이 급성호흡기증후군SARS 같은 새로운 병원균에 대해서는 무력한 것처럼 말이다. 어떠한 치명적인 질병에 대해 저항할 수 있는 유전적 조합을 가진 사람들이 적다면, 다수의 사람들이 사망하여 인류가 쇠퇴의 길로 들어설지도 모르는 일이다. 이런 위

험을 피하기 위해서는 사람들이 지닌 유전적 체질이 다양한 편이 유리하다. 어떤 질병으로 인해 특정 체질의 사람들이 많은 피해를 입더라도, 다른 체질의 사람들이 살아남아 인류의 명맥을 이어갈 수 있을 테니 말이다. 그런데 유전자 조작이 일반화된다면 유전적 다양성이 줄어들 가능성이 높다. 멋진 것, 아름다운 것, 건강한 것, 능력 있는 것에 대한 기준은 갈수록 비슷해지고 있다. 그 조건을 맞추기 위해 대량으로 보급된 유전자 조작 시술을 받다 보면 사람들의 유전자는 비슷한 방향으로 갈 가능성이 크다. 지나친 비약이라고? 물론 당장은 그렇게 느낄 수 있다. 그러나 유전자 개량이 한 두 세대가 아닌 수백 년, 또는 그 이상 지속된다면 인간의 유전자 분포에 적지 않은 영향을 줄 수 있다.

분명 유전자 조작을 경험하는 사람들 각각은 행복할지도 모른다. 그러나 획일적인 가치관 아래 모든 유전자가 하나의 경향으로 이어지는 것은 분명 우려할 만한 일이다. 인류의 유전적 다양성을 잃어가며 쌓은 인간의 행복, 그것은 언젠가 자연의 철퇴를 맞아 처참하게 무너질 또 하나의 바벨탑인지도 모른다.

세계관의 측면에서

옹호론: 유인원에서 진화한 인간, 그러나 누가 그 시절을 그리워하는가?

"원, 사람이 소가 된다는군."

— 제너가 우두법을 들고 나왔을 때 비아냥거리던 사람들이

다윈은 인간이 유인원으로부터 진화(정확히 말하자면 유인원과 인간은 같은 조상으로부터 진화)했다는 진화론을 내놓았다. 창조론이 진화론에 대립하고 있지만 현재 진화론은 인간의 기원에 관한 가장 유력한 설이며, 널리 믿어지고 있다. 그러나 인간 중 그 누구도 자신의 조상이 유인원과 인간의 경계를 넘어섰다고 죄책감을 가지거나 그 시절을 그리워하지는 않는다.

— 인간의 진화를 생각하며, 필자가

유전자에 손을 대서 질병을 치료하고 능력을 신장시킨다는 사실 자체는 비난의 대상이 될 수 없다. 자연의 섭리를 100퍼센트 따르자면 인류는 모든 질병에 대해 아무런 의학적 조치를 행하지 말아야 한다. 만약 인류가 그런 식으로 자연에 '순응'만 하며 살아왔다면? 아마 지금 이 책을 읽고 있는 독자 중 누군가는 이 세상에 없을지도 모른다. 그의 조상은 질병으로 오래전에 죽었을지도 모르므로.

그런 의미에서 자연의 섭리 운운하며 유전자 쇼핑에 반대하는 일체의 주장은 시대착오적인 동시에 자기부정적이다. 당장 지금 우리가 경험하고 있는 의료 기술의 상당수가 도입 초기에는 똑같은 비난을 받았다는 사실을 아는가? 중세 말기 유럽에서 페스트가 창궐했을 때 종교적 독단에 빠져 있던 사람들은 페스트를 일으킨 신의 노여움을 가라앉히겠다며 스스로 채찍질을 하는 등 진풍경을 연출했다. 제너Edward Jenner가 천연두를 치료하기 위해 소의 고름에서 짜낸 우두를 인간에게 접종하는 우두법을 개발했을 때 사람들은 "제너는 인간을 소로 만들 작정인가?"라며 조롱했다. 그러나 우리가 알다시피 제너의 우두법으로 수많은 사람들이 목숨을 구할 수 있었다.

인간이 스스로에 대해 알아감에 따라 질병 치료법 역시 소극적인 방치, 기도 등에서 적극적으로 자신의 몸에 손을 대는 방향으로 진화해 왔다. 초기에는 새롭고 낯선 의료 기술들이 저항에 부딪히곤 했지만, 시간이 지나고 그 효능이 인정되면 자연스럽게 정착되는 경우가 대부분이었다. 유전자 쇼핑 역시 마찬가지다. 지금은 종교적·관습적인 관점에서 볼 때 거부감이 클 수 있지만, 언젠가는 다른 의학적인 도구들과 마찬가지로 자연스럽게 받아들여질 것이다.

아울러 인간이 스스로의 유전자를 조작함으로써 진화에 관여하는 것 역시 마냥 두려워할 일은 아니다. 유전자 강화는 인간을 미지의 괴물로 만들자는 것이 아니라 누구나 가질 수 있는 강점을 극대화하고 약점은 보완하는 데 목적을 두고 있기 때문이다. 유전자 강화로 인류가 더 나은 신체적·정신적 능력을 갖춘다 해도 그것이 전과는 완전히 다른 새로운 인간의 출현을 의미하지는 않는다. 이전에는 100명 중 10~20명의 꼴로 있던 건강하고 우수한 인간이 40~50명 수준으로 많아지는 것일 뿐이다.

물론 장기적으로는 유전자 강화로 인해 수천에서 수만 년이 걸릴 인류의 진화가 단축될 가능성이 충분하다. 예를 들어 음식물을 익혀 먹는 습관이 수만 년간 지속된 결과 인간의 턱은 초기보다 훨씬 갸름해졌다. 그러나 갸름한 얼굴형을 선호하는 추세가 계속되어 유전자 강화가 그러한 쪽으로 진행된다면, 얼굴형이 갸름해지는 속도는 전보다 훨씬 빨라질 것이다. 그러나 인간이 변화한다고 그것을 두려워할 필요는 없다. 그 누구도 자신의 조상이 유인원이었다는 점에 대해 죄책감을 가지거나 그 시절을 그리워하지는 않기 때문이다.

윤리적 측면에서

불가론: "인간은 모르모트가 아니다."

> 영원히 살 수 있는 기계의 몸을 얻을 수 있다는 안드로메다. 그리고 안드로메다를 향하는 은하철도 999. 철이는 베일에 가려 있는 신비의 여인 메텔의 도움으로 은하철도 999에 올라 우주여행을 시작한다. 결국 수많은 난관을 헤치고 안드로메다에 도착한 철이. 그러나 철이는 영원한 생명이 수많은 인간들의 희생을 통해서 얻어진다는 것을 알고, 결국 그곳을 지배하는 기계 여왕 프로메슘과 싸우게 된다. 철이는 기계 인간으로서 영원한 삶을 누리기보다는 유한한 삶 속에서 슬픔과 기쁨을 함께 느끼는 인간으로서 살아가기를 택한 것이다.
>
> — 애니메이션 〈은하철도 999〉의 줄거리

설령 인간이 유전자 조작을 통해 변화하겠다는 목적에 아무런 문제가 없다 하더라도, 목표를 향해 가는 과정에서의 희생까지 정당화될 수 있을까? 의학 관련 실험은 사람의 생명이 걸려 있기 때문에 다른 실험보다 특히 위험도가 높다. 한 조사 결과에 따르면, 미국에서는 1989년부터 2000년까지 4,000명이 넘는 환자가 임상실험에 참여했다가 모두 목숨을 잃었다고 한다. 이러한 사례는 우리나라에서도 찾을 수 있다. 중증 척수마비를 치료하고자 조선대학교와 ㈜히스토스템의 줄기세포 시술을 받은 환자가 심각한 부작용으로 인해 병세가 도리어 악화된 것이다. 이 환자는 탯줄에서 성체줄기세포를 이식받아 일시적으로는 호전을 보였다. 심지어 기자 회견 자리에서 보조기에 의지해 몇 걸음을 옮기는 놀라운 회복을 보여 언론이 '세포 치료의 대약진', '줄기세포로 다시 걷게 된 최초의 사람', '기적의 증인'이라며 대서특필하기까지 했다. 그러나 2005년 4월에 받은 2차 줄기세포 시술의 부작용으로 휠체어에 앉기조차 어려워졌고, 결국엔 대부분의 시간을 누워 지내는 신세가 되었다. "시술로 인한 감염으로 염증이 생겨 뼈 일부가 녹아내렸고, 주변 근육은 조직검사용 바늘이 들어가지 않을 정도로 조직이 딱딱해졌다. 이 조직이 어떻게 변할지 몰라 추적검사를 해야 한다"라는 것이 부작용을 치료하던 의사의 소견이다. 이 환자 외에도 성체 줄기세포 시술을 받은 73명의 환자들이 더 있는데, 이들의 결과 역시 참담하다. 보도에 따르면 이들 중 무려 12명이 사망하고 80퍼센트가 부작용으로 인해 치료를 포기했다고 한다.

혹자는 장애를 겪고 있거나 불치병을 앓는 사람이 가만히 앉아 불행을 겪느니 지푸라기라도 잡는 편이 낫지 않냐고 한다. 그러나 이러한 견해 뒤에 "비장애우가 되기 위해 이런 위험 정도는 감수할 수 있어야 한다"라는 냉혹한 인식이 깔려 있지 않은가?

아픈 사람이 치료를 받고자 하는 것은 지극히 당연하다. 치료법이 없을 때 새로운 치료법을 개발해 달라는 호소도 마찬가지다. 그러나 치료받고자 하는 환자의 절박한 소망을 이용하여 위험한 임상실험을 시행하는 데에는 신중해야 한다.

그나마 유전자 요법의 경우, 이 방법이 아니라면 어차피 죽을 운명인 환자가 최후의 희망을 걸고 임상실험에 자원할 수는 있다. 그러나 신생아의 유전자를 조작하는 경우, 그 임상실험 대상은 어떻게 선정할 것이며 만약 부작용이 발생한다면 어떻게 책임질 것인가? 가령 배아의 유전자 조작 과정에서 생긴 오류나 예기치 못한 부작용으로 기형아가 태어난다

줄기세포 연구의 대안, 성체줄기세포

성체줄기세포Adult Stem cell는 제대혈(탯줄혈액)이나 다 자란 성인의 골수 · 혈액 등에서 추출해 낸 것으로, 뼈와 간, 혈액 등 구체적 장기의 세포로 분화되기 직전의 원시세포를 말한다. 성체줄기세포는 인간 배아에서 추출한 배아줄기세포와 달리 이미 성장한 신체 조직에서 추출하기 때문에 배아를 파괴하지 않아도 되어 윤리적인 비판을 피할 수 있는 장점이 있다.

면 그 아이의 불행은 누구에게 호소해야 하는가?

과학의 다른 영역이라면 실패를 두려워하지 않고 미지의 위험에 굴복하지 않는 자세가 강력히 권장될 수 있을 것이다. 그러나 인간의 몸과 관련된 기술인 경우, 그 부작용은 결코 간단히 무시해 버릴 수 없다.

인간은 실험에 실패한다고 손쉽게 버릴 수 있는 실험체나 물건이 아니다. 따라서 실험의 성공이 가져올 빛이 아무리 찬란하다 하더라도 그 과정에서 수반되는 희생이 크다면 그 찬란한 열매 역시 정당화될 수 없다.

윤리적 측면에서

불가피론: 앉아서 죽음을 기다리느니 차라리 위험을 택한다

전반 18분, 토티의 코너킥을 비에리가 받아 헤딩슛으로 한국의 골문을 가른다. 그러자 팽팽하게 맞서던 한국 선수들은 급격히 흔들리기 시작한다. 전반을 지나 후반까지도 이렇다 할 반격의 실마리는 잡지 못한 채 무기력한 모습만 보여 줄 뿐이다.

한국 선수들은 정말로 악으로 깡으로 뛰고 있다. 전반에 페널티 킥을 실패한 안정환의 마음속 절규는 벤치까지 들리는 듯하다. 히딩크뿐 아니라 4,000만 국민의 마음은 한결같았다. '이탈리아를 무너뜨리고 싶다!' 하지만 아주리(본래 푸른 쪽빛을 뜻하는 이탈리아 어로, 전통적으로 푸른 유니폼을 입는 이탈리아 팀을 일컫는 말)의 빗장 수비는 단단하기만 하다. 바로 저들의 유명한 특기, '한 골 넣고 골문 틀어 잠그기'는 조그만 틈도 허용하지 않는다. 저 빗장을 열기 위해서는 골키퍼까지도 공격에 가담해야 할 판이다. 이판사판이다. 히딩크는 결단을 내린다. 후반 17분, 히딩크는 수비의 한 축인 김태영을 빼고 베테랑 공격수 황선홍을 투입한다. 본래 세 명이었던 수비수는 홍명보와 최진철 둘로 줄었다. 후반 23분, 수비형 미드필더 김남일이 발목 부상으로 쓰러지자 그 자리 역시 공격수 이천수로 메워진다. 심지어 후반 38분 수비의 핵이자 한국팀의 정신적 지주 홍명보마저 벤치로 불러들인 후 차두리를 투입한다. 이번에도 공격수다. 3명의 수비수를 뺀 자리를 모두 공격수로 채워 넣은 것이다. 지금부터 전원 수비, 전원 공격이다.

… 후반 43분 설기현의 동점골과 연장 후반 12분 안정환의 골든골로 한국팀이 승리한 후 기자가 히딩크에게 물었다.

"이탈리아는 수비도 수비지만 공격력 역시 막강하다. 그런 이탈리아를 상대로 수비수를 하나만 남기는 초강수를 둔 이유는 무엇인가?"

"간단하다. 어차피 골을 넣지 못하면 한 골을 먹든 두 골을 먹든 똑같이 끝이기 때문이다. 때로는 위험을 무릅써야 하는 경우도 있기 마련이다."

—2002년 한일 월드컵 한국 대 이탈리아전의 에피소드를 재구성

위의 에피소드는 축구의 명승부에 얽힌 얘기지만, 한편 위험이 상대적 개념임을 일깨워 주는 일화이기도 하다. 뭔가를 가진 사람은 되도록 위험을 피하고 싶을 것이다. 그러나 절박한 상황의 누군가에게는 위험도 충분히 감내해 볼 만할 것이다. 비인간적이라고? 그럴 수도 있다. 그러나

오늘날 안전하게 행해지는 대부분의 의료 기술들은 바로 위기에 처한 환자들이 위험한 도박에 몸을 맡긴 결과다. 머리를 가르고, 배를 째고… 이러한 수술들이 처음부터 가능했을까? 누군가 내일 당장 맹장수술을 받게 된다 하더라도 역사상 그 어느 시대의 뇌수술보다 안전할 것이다. 이는 선대의 희생을 토대로 의료 기술이 진보해 온 덕분이다.

유전자 요법이나 강화가 과거의 치료법보다는 복잡하겠지만, 충분한 준비와 계획에 의해 시행된다면 피해는 최소화할 수 있을 것이다. 일단 치료법이 개발된다 하더라도 그것이 바로 실용화되는 것은 아니다. 약의 경우 안전성을 확보하기 위해 장기적으로 임상실험을 실시하며, 이를 통해 그 약이 안전하다는 증거가 웬만큼 축적되지 않고서는 정부의 승인이 떨어지지 않는다. 수술법의 경우 의사나 의료계의 자체 판단에 기대는 정도가 커서 약에 비해 통제가 심하지는 않지만 여기에도 남용을 막을 안전장치는 있다. 항상 제도의 허점을 파고들어 부당한 이익을 보는 사람들은 있기 마련이지만, 감시의 눈을 제대로 가동한다면 부작용이 있는 치료법이나 약을 폐기할 기회는 충분하다.

물론 이러한 대비책에도 불구하고 최초의 사용은 위험하다. 앞서 소개한 겔싱어 역시 위험성을 알면서도 스스로 실험에 자원했다. 그는 자신이 더 이상 잃을 것이 없으며, 설령 자기가 죽더라도 최소한 비슷한 병을 앓게 될 사람들에게는 도움이 될 것이라고 생전에 종종 이야기했다고 한다. 실제로 그의 희생은 헛되지 않았다. 겔싱어는 비록 치료 중에 사망했지만, 이를 계기로 유전자 치료 과정에서 인체의 면역 반응으로 인해 발생할 수 있는 위험이 새롭게 인식되었다. 이렇게 얻어진 지식은 앞으로 더 많은 사람들의 목숨을 구하는 데 요긴하게 활용될 것이다. 최초의 희생은 어쩌면 때로는 감수해야 하는 사항인 것이다.

제도적 측면에서

통제론: 인간은 '핵미사일의 리모컨을 든 원숭이'다.

1945년 7월 16일 새벽, 미국 네바다 사막의 한구석에서 천지를 가를 듯한 폭발이 있었다. 태양보다 밝은 불덩어리가 거대한 굉음과 함께 하늘로 올라갔다. 어떤 이는 그 순간을 "시간의 흐름이 멈추었다. 갑자기 우주가 한 개의 점으로 수축했다. 그것은 마치 땅이 열리고 하늘이 갈라지는 것 같았다"라고 기록했다.

세계 최정상의 물리학자들이 투입되어 3년의 시간과 20억 달러 이상의 경비를 들여 실행한 최초의 핵폭탄 '뚱뚱보'의 폭발실험은 한마디로 대성공이었다. 그러나 이 프로젝트의 지휘자 오펜하이머John R. Oppenheimer는 핵폭발의 광경에 충격을 받은 나머지 "나는 죽음의 신이며 세계의 파괴자다"라는 자책과 두려움 섞인 말만 되뇌었다.

핵무기의 발명에 기여한 것을 후회한 사람은 비단 오펜하이머만이 아니었다. 제2차 세계대전을 일으킨 독일의 나치가 핵폭탄을 개발하여 미국을 초토화시키기 전에 미국이 먼저 핵폭탄을 개발해야 한다며 루즈벨트 대통령에게 편지를 보냈던 아인슈타인 역시 자신의 행동을 일생일대의 실수였다고 후회했다.

— 원자폭탄 개발을 둘러싼 에피소드를 재구성

인간에게 주어지지 않았었더라면 좋았을 위험한 기술로는 단연 핵기술

"오, 하나님! 우리가 지옥을 만들었습니다!"
최초의 원자탄 폭발 실험이 성공했을 때 오펜하이머는 이렇게 탄식했다.

을 들 수 있을 것이다. 핵기술은 핵무기의 제조에만 필요한 것이 아니고 원자력 발전과 같은 건설적인 일에도 쓰인다. 그러나 제2차 세계대전 말 일본에 투하된 핵폭탄의 가공할 피해, 그리고 그 이후에 사람들이 겪어야 했던 공포와 고통을 생각한다면 차라리 핵기술 자체가 없었기를 바랄 정도다.

분명 핵기술과 같이 위험한 기술은 신뢰할 만하고 실질적인 힘이 있는 주체의 통제하에 있어야 한다. 그래서 국제원자력기구IAEA는 군사적 목적으로 핵기술을 개발·보유하려는 국가에 대해서는 강력한 통제를 가하고 있다. 물론 이런 국제적인 통제에 대한 비판의 목소리도 높다. 핵무기를 보유한 기존 강대국은 현실적으로 제재를 받지 않으면서 약소국의 핵무기 보유만 막고 있어 불평등하다는 것이다. 그러나 이상론에 앞서 핵확산금지조약이 없었다면 세계 도처에 핵무기가 깔림으로써 인류가 얼마나 큰 공포에 떨어야 했을지 상상해 보라. 국제 사회에서 국가 간의 동등한 자위권, 평등의 원리 등 이상을 추구하기 위해 실질적인 위험을 높일 것인가, 아니면 보다 현실적인 통제를 함으로써 안전을 택할 것인가?

집집마다 수도관을 통해 공급되는 물처럼, 과학 기술이 미치는 영향은 특정 지역이나 집단에 한정되지 않는다. 그것은 심지어 해당 기술을 사용하지 않는 사람에게도 영향을 미칠 수 있기에 모든 결정을 개인의 판단과 의지에 맡길 수만은 없다.

통제불가론자들은 흔히 생명공학 기술의 사용이 개인의 선택에 달려 있다며, 국가는 개인에게 완전한 선택권을 줄 것을 요구하고 있다. 그들은 특정 기구에 통제권을 준다는 발상이 개개인의 합리적 판단을 인정하지 않고 소수의 엘리트 집단에게 인류의 미래에 대한 선택권을 주는, 오만하고 시대착오적인 생각에 바탕을 두고 있다고 주장한다.
그러나 이는 약소국도 핵무기를 가질 수 있어야 한다는 주장이나 마약 역시 개인의 선택이므로 무조건 개방되어야 한다는 방임주의적 이상론과 다를 바 없다. 이러한 주장은 첫째, 개별 주체의 선택이 당사자뿐 아니라 사회 또는 전세계에 영향을 미친다는 점을 간과하고 있으며, 둘째, 첫 번째 이유로 인해 개인의 자유와 권리의 범위를 넓힐수록 세계의 안녕이 위협받기 쉽다는 점도 고려하지 않고 있다.
현실적인 예를 들면 이해하기 쉽다. 입시 광풍이 지배하고 있는 우리의 현실에서 고액의 사교육은 개인의 선택이므로 거기에 휘둘리는 데 대한 책임은 학생이나 부모에게 있을 뿐, 제도적인 규제는 필요 없다는 주장은 공허하다. 경쟁에서의 승리가 삶의 질과 직결되는데 이를 의식하지 않기란 불가능하다. 그러므로 경쟁이 과열되지 않도록 원칙과 적정상한선을 마련하는 것이 중요하다. 사설학원이 특정 시간에만 문을 열도록 한다든지, 학교 선생님의 개인교습을 금지한다든지 하는 규칙 말이다.

냉전시대의 소모적이고 자기파괴적인 핵무기 경쟁으로 인한 공포는 이제 화해 무드의 조성으로 한풀 꺾였다. 그러나 제2차 세계대전 이후 수십 년 동안에는 인류가 핵전쟁으로 멸망했었더라도 전혀 이상할 것이 없을 정도로 아슬아슬했다. 이는 인간이 경쟁에서 승리하고픈 강렬한 열망에 휘둘려 얼마나 어리석은 선택을 할 수 있는지를 단적으로 보여 준다.
인간은 스스로의 지적·윤리적 능력을 과신하여 창조주 행세를 하려 한다. 그러나 인간은 자연의 극히 일부만 알고 있는, 한낱 원숭이 같은 존재에 불과하다. 인간이 자신의 손으로 자연의 근본 원리에 수정을 가하겠다고 나서는 것은, 아무것도 모르는 원숭이의 손에 핵미사일의 리모컨을 쥐어 주는 것과 같은 위험한 선택이다.

제도적 측면에서

허용론: 베일에 싸인 기술은 더욱 위험하다

> "마약과의 전쟁이야말로 진짜 전쟁이다. … 마약과의 전쟁, 이것은 죽지 않아도 되는 수십 만 명의 국민들을 죽음으로 내몰며 말할 수 없는 비참함 속에 빠뜨리고 있다. 특히 어린이, 10대 청소년, 여성, 온갖 소수자 등에 대해 그 폐해가 더욱 심각한 실정이다. 전쟁이라고 불리는 다른 모든 전쟁과 꼭 마찬가지로 마약과의 전쟁 역시 천문학적인 전쟁 비용만을 낭비하고 있다. 가장 최근 통계에 따르면 마약과의 전쟁 비용은 1조 달러를 훨씬 능가하고 있다."
>
> — 스테판 프라이에 박사의 저서 『마약을 합법화해야 하는 25가지 이유: 마약과의 전쟁은 이미 패배했다 Twenty-five Reasons to Legalize Drugs – We Really Lost This War!』 중에서

네덜란드는 세계에서 가장 진보적인 의식의 국가로 유명하다. 여기서 진보란 분배냐 성장이냐 하는 경제 체제의 지향점에 대한 것이 아니라, 금기로부터 자유로운 합리적인 사고방식이 사회 전반에 확립되어 있다는 뜻이다. 네덜란드에서는 동성애자 간의 결혼, 낙태, 안락사, 공창제 등 신의 이름, 또는 전통의 관점에서는 도저히 허용될 수 없는 사안에 활짝 문을 열어 놓았다. 원칙은 다음과 같은 단 하나다.

"타인의 권리를 침해하지 않는 이상 금기시될 것은 없다."

마약 역시 개방의 대상이다. 네덜란드는 지난 30여 년 동안 다른 국가들처럼 마약에 강경하게 대처하는 대신 합리적이고 현실적인, 그러나 영리하기 그지없는 대응을 폈다. 그럼으로써 도리어 마약으로 인한 사회적 피해나 비용을 최소화하는 데 성공했다. 이것이 무슨 이야기인가? 한마디로 네덜란드에서는 마약이 합법적이다. 그런데 마약으로 인한 피해는 선진국 중 최소 수준이다. 어떻게 이런 일이 가능할까?

대부분은 나라에서 마약을 금지하고 무지막지한 규제를 가한다. 그런데도 사용자가 줄어들기는커녕 제자리에 머물거나 혹은 증가하고 있다. 오늘 경찰이 마약상을 습격하여 한 자루의 마약을 압수하더라도 그 이상의 마약이 내일 시장에 풀리는 것이다. 이에 반해 네덜란드는 마약을 합법화함으로써 사용자들을 형사 처벌하지 않으면서도, 그들에게 포괄적이고 종합적인 치료를 실시한다. 마약을 금지하면 불법적으로 거래되면서 값이 비싸진다. 그러면 마약중독자들은 돈을 마련하기 위해 가산을 탕진할 뿐 아니라 강도·절도 등의 범죄에 손을 대기 십상이다. 또한 음지에서 명확한 표준 없이 거래된 마약은 질이 조악하여 사용자의 건강에 더 치명적이다. 건강이 악화되어도 체포될까 봐 제대로 된 치료를 받지 못하여 마약으로 인한 사망은 더욱 늘어난다.

네덜란드는 마약의 전면적인 금지가 가져오는 이러한 부작용, 그리고 마약 중단의 어려움을 현실로 받아들였다. 그래서 마약 사용자를 범죄자 취급하며 사회 밖으로 내모는 대신 이들을 치료의 대상으로 간주하여 국가 차원에서 도움을 준다. 그리고 치료를 전제로 허용되는 마약의 가격이 합리적인 수준으로 결정되도록 유도함으로써 범죄의 사슬을 끊는 데 주력했다. 많은 이들이 이러한 정책의 실효성을 의심했지만, 네덜란드는 그것이 기우임을 보여 주었다. 네덜란드는 현실을 인정하고 문제를 양지로 끌어내는 것이 마약 문제를 건전하고 효과적으로 해결할 수 있는 출발점임을 말해 준다.

생명공학 기술에도 이러한 논리가 적용될 수 있다. 유전자 쇼핑에 대한 인간의 욕구는 마약 이상으로 강렬하다. 누구든 유전자의 힘을 빌려 질병을 치료하고 태어날 자식에게 건강과 능력을 물려줄 수 있다는데 귀가 솔깃하지 않을 수 없을 것이다. 그러므로 국가가 이를 불법으로 금지하더라도 누군가는 반드시 이를 손에 넣을 것이다. 마약이 그러했던 것처럼 말이다.

수요가 강렬한 상품이나 서비스는 법으로 금지한다고 해서 사라지지 않는다. 대신 법의 눈을 피해 지하 시장이 생겨날 뿐이다. 그렇게 되면 크게 두 가지 폐해가 일어난다. 첫째, 금지된 재화의 가격이 높아지고 둘째, 안전성을 검증받을 수 없기 때문에 부작용의 위험만 높아진다. 유전자 조작이 불법으로 시술된다면 공개적으로 안전성에 대한 책임을 묻거나 소비자의 피해를 보상할 수 있는 길도 없다. 원천적으로 금지되어 있기 때문에 안전을 위한 가이드라인이 제정되어 시행될 수 없고, 그 결과 오용으로 인한 부작용은 더욱 심각하게 나타날 것이다. 유전자 조작 기술은 일반에 개방되었을 때보다 베일에 싸여 있을 때 더욱 위험할 것이다.

위협론: 생명공학 기술은 새로운 카스트 시대의 도구

미래의 서울 강남의 한 부자동네. 이곳에서는 아이가 엄마 뱃속에서 자라기 전에 유전자 요법으로 아이의 형질을 미리 조작하는 것이 일반화되어 있다. 이 동네에서는 여러 유전자로부터 장점을 따와 영화배우의 수려한 외모에 석학의 지능을 지닌 아이들이 태어난다. 과거 부모들은 영재교육이다 뭐다 해서 아이가 태어난 후에야 투자를 할 수 있었는데, 이제는 아이가 태어나기 전에 건강과 지능이라는 평생의 선물을 안겨 줄 수 있게 되었다. 이러한 시술에는 우수한 유전자가 사용될수록 시술비가 비싸진다.

한편 그 바깥 동네에는 경제적 여력이 없어 그저 그런 수준의 유전자를 재조합하여 태어나거나 자연적으로 태어나는 아이들이 많다. 이들에 비해 부자동네 아이들은 확실히 유리한 선천적 자질을 가지고 태어날 것이다. 이 동네 사람들은 유전자 쇼핑 시대가 온 것이 내심 다행스럽고 고맙다.

— 가상으로 그려 본 유전자 쇼핑 시대의 풍경

유전자 쇼핑과 관련해 앞서 말한 문제들이 모두 다 해결되었다고 가정해 보자. 앞의 문제들이 해결되었다 함은 다음과 같은 상태를 의미한다. 우선 유전자에 손을 대는 것에 대한 금기와 거부감이 극복되어 생명공학 기술의 목적에 대해 아무도 죄책감을 가지지 않고(목적), 기술을 발달시키는 과정에서 우려했던 실패나 희생 역시 면밀한 계획 덕에 사전에 방지되었고(과정), 그렇게 해서 확보된 기술이 매우 안전하여 누구에게나 권할 수 있게 되었다(결과). 이렇게 생명공학 기술이 목적 · 과정 · 결과라는 측면에서 꺼림칙한 문제들을 모두 극복했다면, 유전자 쇼핑을 반대할

유전자 쇼핑 시대, 유토피아일까 디스토피아일까?

유토피아가 '현실에는 있을 수 없는 이상향'을 의미하는 것과 반대로, 디스토피아는 부정적인 미래나 가공의 세계를 나타낸다. 로봇이 인간을 지배하는 사회, 핵전쟁의 후유증으로 신음하는 사회, 거대한 독재 시스템에 의해 지탱되는 사회 등이 모두 암울한 디스토피아적 풍경이라 할 수 있다. 그림은 유토피아라는 단어가 처음 등장한 영국의 토머스 무어의 소설 『유토피아Utopia』에 나오는 유토피아의 모습.

이유는 더 이상 없는 것일까?
그렇지 않다. 목적·과정·결과상으로 완벽한 성공을 보여 준다 해도 유전자 쇼핑은 근본적으로 사회의 안녕을 위협할 가능성이 있다. 왜냐하면 유전자 쇼핑은 인류가 오랜 기간 동안 투쟁하여 획득한 민주주의의 근본에 심각한 위협이 되기 때문이다. 새로운 계급 사회를 불러올 가능성이 바로 그 위협이다.

유전자 쇼핑이 일반화된 사회에서는 계층 간 불평등과 비인간성이 상상할 수 없는 수준으로 확대될 가능성이 커 보인다. 그것은 아예 다른 차원의 인간끼리 경쟁하게 됨을 의미하기 때문이다. 국가별·계급별 격차가 심각하고 그 안에서 교묘하게 지배 · 피지배의 관계를 맺고 있는 현대 사회에서 그나마 다행인 것은, 거의 모든 인간들이 비슷한 형태와 능력의 신체 조건을 갖고 있다는 사실이다. 가난한 나라의 어린아이가 선진국의 아이에 비해 경제적·사회적으로 힘겨운 삶을 살 가능성이 큰 것은 상대적으로 혜택을 덜 받기 때문이지 선천적인 조건이 열등하기 때문은 아니다. 그런데 부와 권력을 가진 자들이 유전자 조작을 통해 남들보다 향상된 육체적 · 정신적 능력을 손에 넣고 그것을 자손에게 물려준다면, 그런 사회에 공정한 경쟁과 사회정의라는 것이 발이나 붙일 수 있을까?
물론 유전자 쇼핑 시대의 불평등은 초기에만 일어날 수도 있다. 유전자 쇼핑 기술이 발달하여 싼 가격에 시술받을 수 있게 되면 일반 대중도 여기에 동참할 것이며, 그러면 불평등이 개선될 여지도 있다. 그러나 문제는 인간 사회에서의 경쟁이란 상대적이며, 유전자 강화의 결과가 세대에 누적된다는 데 있다. 모든 사람의 능력이 신장된다고 모두가 잘살 수 있는 것은 아니고, 그 안에서도 능력과 배경에 따라 계층이 존재하기 마련이다. 대중이 보급형 유전자 강화 기술의 혜택을 받을 때 쯤이면, 부유층은 더욱 진보한 최첨단의 유전자 강화 시술을 즐기게 될 가능성이 크다. 더욱이 아무리 유전자 강화 기술의 문턱이 낮아진다고 해도 얼마나 많은 이들이 시술받을 수 있을지는 미지수다. 대한민국 학생 치고 과외교습을 받지 않는 사람도 있느냐고 묻는 사람이 있다. 하지만 이를 감당하지 못하는 가정도 부지기수이지 않은가. 모든 이에게 공평한 기회를 주는 것은 불가능에 가깝다. 그러므로 유전자 쇼핑 시대의 소외 계층은 지금보다 훨씬 어려운 상황에서 경쟁에 뛰어들게 될 것이다.

이러한 불평등이 고착화된 사회는 공정한 경쟁에서 일어나는 활력이나 희망이라고는 찾아볼 수 없는 일종의 디스토피아가 아닐까? 신에 대한 두려움을 볼모로 한 종교적 관념이나 자연과의 합일을 주장하는 수많은 사상들을 굳이 들먹이지 않더라도, 오로지 인간의 복지를 최우선적으로 한다면 유전자 쇼핑 시대가 지니는 심각성을 이해할 수 있을 것이다.

개인이나 집단의 경쟁력 확보와 이익 추구 앞에서 인류의 미래 같은 추상적인 명제가 발붙일 곳이란 없어 보인다. 이것이 바로 무분별한 발전과 성장이 세계에서 벌어지고 있는 이유 중 하나이며, 인류를 위해 핵무기를 폐기해야 한다는 지식인이 자국의 자주국방을 위한 핵무장을 주장하기도 하는 모순의 근원이기도 하다. 이러한 냉혹한 현실 앞에서 적절한 가이드라인과 시장 메커니즘을 통해 생명공학 기술을 통제할 수 있다는 이상론은 여지없이 굴복하고 만다. 그러므로 초기에 이를 사회적 관리와 통제 아래 두지 않으면 우리는 브레이크를 밟을 기회조차 가지지 못할지도 모른다.

무해론: 비밀과 통제가 오히려 특권층을 낳는다

통제와 금지를 통해 평등을 달성하려는 시도가 어떤 참담한 결과를 일으키는지 잘 보여 주는 사례가 바로 공산주의의 몰락이다. 공산주의는 생산 수단의 사유화를 부정하는 데서 출발하여, 평등을 지상 가치로 하는 혁명을 이루는 데 모든 사회적·정치적·문화적 관심의 초점을 맞추었다. 공산주의도 원래는 개인의 행복을 목표로 두었으나 생산 수단의 사유화라는 비현실적이고 비효율적인 원칙을 고수하느라 개인의 자유와 체제의 유연성을 인정하지 않는 전체주의적인 방향으로 흘렀다.

가장 근본적인 문제는 생산 수단을 공유하느라 사유 재산을 부정했기 때문에 결국 개인의 근로 의욕을 떨어뜨렸다는 점이다. 그래서 시장이 제대로 기능하지 못하고 경쟁을 통한 경제발전이 이루어지지 않았다.

결과적으로 철저히 붕괴되기 전의 공산주의 사회에서 평등은 달성되었다. 그것은 바로 빈곤의 평등이었다. 그러나 그 와중에도 소수의 엘리트 계층, 즉 공산주의 당원 등은 인민의 위에 군림하면서 체제의 과실을 독점하는 특권층으로 자리 잡았다. 대다수 인민이 행복을 나누는 진정한 평등은 공산주의 체제 어디에도 없었다.

—사라진 공산주의를 되돌아보며 필자가

위의 설명은 필자의 개인적인 견해가 아니라 이미 지구상에서 거의 자취를 감춘 공산주의 체제에 대한 평가에서 공통적으로 언급되는 내용들이다. 여기서 우리가 얻을 수 있는 교훈은, 완전한 평등을 추구하기 위해 금지와 통제라는 수단에 기대는 것은 사회의 경제적 발전은커녕 애초에 목표로 한 평등마저도 달성할 수 없다는 점이다.
생명공학 기술, 특히 능력강화를 위한 유전자 재조합 기술을 사용한 이들은 경쟁에 승리하여 경제적 · 사회적으로 높은 위치에 설 가능성이 그렇지 못한 사람에 비해 크다. 그런데 현재로서는 유전자 재조합 기술의 비용이 비싸 누구나 혜택을 받을 수는 없다. 그렇다면 이 문제를 어떻게 해결해야 할까? 공정한 평등을 위해 이 기술을 전면 금지해야 한다는 의견은 공산주의적 사고방식이다. 그에 따르자면 사회적 불평등을 낳을 수 있는 유전자 재조합 기술은 전면적으로 금지되어야 한다.
이에 반해 오늘날의 자본주의적 패러다임에 충실한 사람이라면 금지가 전혀 실효성이 없음을 알 것이다. 강렬한 수요가 있다면 아무리 견고한 바리케이드를 쳐도 거래가 발생할 수밖에 없다는 것을 잘 알기 때문이다. 이들은 차라리 활짝 개방하고 시간이 지나면서 시술 비용이 하락했을 때 점점 많은 사람들이 혜택을 입도록 유도하는 것이 낫다고 할 것이다.

이러한 주장을 뒷받침하는 것이 가격 하락의 법칙이다. 가격 하락의 법칙은 초기에 비용이 많이 드는 재화나 서비스라 하더라도 시간이 지나 대량 생산되고 판매자 간의 경쟁이 치열해지면 가격이 하락한다는 것이다. 생명공학 기술을 개발하고 시험하는 데 드는 비용은 천문학적이다. 그러나 일단 그 과정을 거쳐 보급되고 나면 가격은 낮아진다. 추가적인 투자가 필요 없기 때문이다.
약의 경우를 예로 들어보자. 약값에는 원료의 값만 포함되어 있지 않다.

이미 화학 기술이 매우 발달하여 약 자체는 낮은 가격에 대량으로 생산할 수 있다. 단지 신약 개발에 소요된 비용을 회수하기 위해 비싸게 책정되는 것뿐이다. 신약 개발은 수백~수천 번의 실험, 그리고 그 실험이 실패로 끝날 경우 고스란히 투자 비용을 날리게 될 위험, 정부의 승인을 받는 절차 등을 감수해야 하는 모험이다. 그렇기에 일단 신약이 개발되어 시장에 나올 때는 여기에 든 비용을 회수할 수 있도록 비싸게 책정된다. 신약은 보통 개발된 후 20년 동안 특허를 통해 보호받는데, 이 기간 동안에는 특허를 얻은 회사나 혹은 정당하게 허가를 받은 회사만이 해당 신약을 생산할 수 있다. 당연히 그러한 권리를 지닌 회사는 이 기간 동안 소비자가 지불할 수 있는 범위 내에서 가장 비싼 가격을 신약에 매긴다. 그러나 특허 기간이 종료되면 누구든 그 약을 만들어 판매할 수 있다. 특허가 공개된 이상 다른 회사들이 원래의 개발사를 따라 약을 만드는 데 기술적 문제는 전혀 없다. 자연히 가격은 내려간다. 중요한 것은 신약이 특허 보호를 받는 기간이 20년으로 명시되어 있기는 하지만 실제로는 10년 정도라는 점이다. 왜냐하면 신약의 특허가 출원된 후 10년이 지나야 시장에 풀리기 때문이다. 그러므로 만약 인간의 능력을 강화시켜 주는 능력강화제가 개발되어 시장에 나온다고 하더라도 10년 정도가 지나면 경쟁으로 인해 가격이 하락할 것이다.

소수의 부자들은 분명 보다 일찍, 양질의 시술을 받을 것이다. 그러나 수요가 있고 이윤이 발생하는 곳에는 결국 공급자들 간에 치열한 경쟁이 일어나기 마련이다. 처음에는 비싸더라도 얼마 지나지 않아 가격이 떨어질 가능성이 크다. 부유층에 유리하다는 점에서 불공평한 면도 있지만 그렇다고 장래에 많은 사람들이 혜택을 볼 수 있는 기술을 사전에 금지하는 것은 빈대 잡으려다 초가삼간 태우는 격이다.

기술 개발을 금지하려는 시도는 자칫 집은 집대로 태우고 빈대마저 놓치는 상황을 일으킬 수도 있다. 만약 생명공학 기술을 금지한다면 마약의 경우처럼 기술의 가격이 뛰어오를 것이다. 그러면 기술의 혜택은 더욱 더 부유층에 집중되어 빈부격차는 더욱 심해지는 것이다.

과도기에 소수에게만 혜택이 주어지는 불평등을 감수하는 대신, 전체적으로 혜택의 범위를 넓혀 가는 것이 자본주의에서 평등을 창조하는 방식이다. 그러므로 생명공학 기술이 사회적 불평등을 낳고 새로운 계급 사회를 부르는 것을 막고 싶다면 될수록 많은 사람들이 그것을 사용할 수 있게 해야 하는 것이다.

3

유전자를 쇼핑하는 시대,
무엇을 준비해야 할까?

지금까지 현실화될 가능성이 높은 유전자 쇼핑 시대의 밝은 면과 어두운 면을 함께 살펴보았다. 그리하여 우리는 유전자 쇼핑 시대를 무작정 환영할 수도, 무조건 거부할 수도 없음을 깨달았다. 그렇다면 유전자 쇼핑 시대에 대비하여 무엇을 준비해야 할까?

3부에서는 유전공학이라는 '도구'가 인간을 해치지 않도록 하기 위해 우리가 갖추어야 할 '안전장치'로서 과학윤리에 대해 알아본다. 객관적인 사실을 발견하고 규명해야 할 과학에서 왜 철학이 필요할까? 철학 없는 과학이 얼마나 비극적인 결과를 낳는지 인간의 역사가 이미 보여 주었기 때문이다. 그러므로 생명공학을 둘러싼 문제는 과학의 문제인 동시에 철학과 윤리의 문제이기도 하다.

고리타분하고 아무런 구속력도, 효력도 없어 보이기만 하는 '윤리'라는 단어가 과학의 실용화 과정에서 얼마나 무서운 파급력을 가졌는지 역사적 사례를 통해 살펴보고, 유전자 쇼핑 시대를 과학윤리의 시각에서 바라보기로 하자.

최소한의 보호구, 과학윤리

윤리는 우리의 삶을 행복하게 가꾸는 데 필수적이다. 만일 다른 사람이 노력하여 생산한 제품을 정당한 가격에 구입한다는 기본적인 경제윤리가 지켜지지 않는다면 사회에는 약탈과 사기가 난무하게 될 것이다. 다수가 지지하는 지도자를 뽑아 공공의 경영을 맡긴다는 민주주의적 윤리가 선거라는 구체적인 원리를 통해 지켜지지 않는다면, 우리는 독재자의 통치를 받아야 할지도 모른다. 이처럼 사회의 모든 활동에 윤리적 고민이 뒤따르지 않으면 말할 수 없는 혼란과 비극이 올 것이다. 과학 역시 예외일 수는 없다.

세상을 행복하게 하는 과학을 위하여

과학과 윤리라는 단어는 둘 다 우리에게 친숙한 데 반해 과학윤리는 그 의미가 금방 와 닿지 않는다. 실제로 과학윤리는 해석하기에 따라 조금씩 다른 의미로 받아들여진다.

과학윤리를 과학 활동을 하면서 지켜야 할 윤리로 해석한다면 그것은 과학자들의 내부 규정이 될 것이다. 이 경우에는 과학자가 얼마나 양심적으로 거짓이나 조작 없이 연구를 수행했는가, 성과를 연구에 대한 기여도에 따라 연구원들에게 공정하게 배분했는가, 연구실 같은 조직 내에서 부당한 억압이나 인권 침해 등은 없었는가 등이 과학윤리의 쟁점이 될 것이다. 즉 과학윤리는 일차적으로 과학 활동을 수행함에 있어 과학자들이 지켜야 할 지침을 의미한다. 이때의 과학윤리는 연구윤리라는 말로도 표현할 수 있을 것이다.

과학윤리의 또 다른 측면은 과학이 피실험자와 사회라는, 과학계 바깥에 미치는 영향이 윤리적으로 합당한가에 관한 것이다. 연구에서 실험 대상이 되는 동물이나 인간을 충분히 존중하고 배려했는가, 과학자의 연구 결과가 공공의 이익에 반하는 결과를 일으키지는 않는가, 과학자가 전문인으로서의 지식과 사명감에 입각하여 사회에 책임 있는 발언과 자세를 보였는가 등의 문제가 과학윤리의 쟁점이다. 이 경우의 과학윤리는 연구의 결과가 개인과 사회에 악영향을 끼치지 않도록 지켜야 할 지침이라 할 수 있겠다.

과학윤리는 위의 두 가지 측면을 모두 포함한다. 즉 과학이 관련자들에게 억울한 피해나 정당하지 않은 이득을 안겨 주지 않았는가에 관한 문제인 동시에, 실험 대상이나 사회에 부정적인 영향을 일으키지 않느냐에 관한 문제인 것이다. 그런 의미에서 과학윤리는 과학계는 물론이고 그 바깥 사회의 피해를 막는 최소한의 보호구라고 할 수 있다.

윤리 없는 과학은 어떠한 참사를 낳았나

과학이 궁극적으로 '사람을 위한 것'이라는 사실을 망각한 채 윤리를 내던지고 질주한다면 인류는 비극적인 참사를 겪을 수 있다. 이는 우생학을 통해서도 확인할 수 있다.

우리는 유전자가 생명체의 설계도에 해당하며, 생명체가 지니는 형질의 많은 부분이 유전자로부터 비롯됨을 안다. 또한 유전자는 부모로부터 자식에게 이어지며, 그래서 자식이 부모를 닮는다는 것도 알고 있다. 그렇다면 우수하고 건강한 사람들의 인구 증가를 유도하고, 병약한 형질을 가진 사람들의 인구 증가는 억제한다면? 그러면 인류는 세대를 거듭하면서 건강한 형질의 인간들로 채워지지 않을까?

이러한 생각을 바탕으로 19세기 후반에 탄생한 것이 바로 우생학優生學, eugenics이다. 우생학은 인류를 유전학적으로 개량하기 위해 여러 가지 조건과 인자 등을 연구하는 학문으로 정의된다. 인간을 개량한다는 의미는 다윈이 자연선택에 의해 이루어진다고 주장한 생명체의 진화를 인위적으로 일으키겠다는 뜻이다. 우생학이 생겨날 무렵에는 유전자니 DNA니 하는 개념들이 명확하지 않았다. 하지만 인간의 형질은 인간 속에 내재된 그 무엇에 의해 드러나며 그것이 자손에게까지 이어진다는 것은 경험적으로 알고 있었다. 그래서 형질이 우수한 인간끼리 만나 자손을 낳으면 그 자손은 부모를 따라 좋은 형질을 가질 확률이 높다는 점도 알고 있었다.

우생학의 기원은 다윈의 진화론과 깊은 관련이 있다. 공교롭게도 우생학을 창시한 골턴Francis Galton은 다윈의 사촌이었다. 골턴은 다윈의 『종의 기원On the Origin of Species by Means of Natural』(1859)을 읽고 우수한 형질을 지닌 동식물끼리 교배하여 품종을 개량하듯, 인간도 개량을 통해 우수한 인종을 만들어 낼 수 있다고 주장했다. 이후 인류의 유전학적 개량을 주장하는 학문 흐름을 우생학이라고 부르게 되었다.

우생학에 따르면 선천적 장애우 · 정신질환자 · 저능아 · 범죄자 등은 사회의 안녕과 인류의 바람직한 발전을 위해 후손조차 남기지 않은 채 조용히 퇴장해야 하는 존재다. 반면 생물학적으로 우수한 형질을 지닌 사람은 인류의 미래를 위해서 우수한 형질의 배우자와 교제하여 자손을 많이 퍼뜨려야 한다. 결함이 있는 유전적 형질을 가진 사람들을 사회로부터 격리시키는 데 주안점을 둔 우생학은 '소극적 우생학'으로, 우수한 유전적 형질을 지닌 사람들의 수를 늘리려고 시도하는 우생학은 '적극적 우생학'이라고 부르기도 한다.

우생학은 19세기 후반을 지나 20세기 초반에 이르러서 서구 각국에서 대인기를 누렸다. 당시에는 유럽 각국이 아시아 · 아프리카의 국가들을 식민지로 만들어 수탈하는 제국주의가 절정에 달한 시기였다. 이때 우생학은 자칭 우수한 인종인 유럽인이 열등한 제3세계인을 다스리고 수탈하는 것이 자연의 섭리인양 정당화해 주었다. 또한 대내적으로는 유전의 영향을 과장하여 빈민층 · 하층민으로 하여금 그들의 비참한 삶이 유전적 결함 탓인 것처럼 몰았다. 지배층에게 우생학은 불평등과 부조리를 개선하라는 피지배층의 외침을 무시하고 도리어 강력하게 그들을 통제할 수 있는 이론적 근거가 된 것이다.

미국은 우생학을 정부 정책에까지 적극적으로 반영하였다. 19세기 말에

누가 서구인들에게 지배권을 주었나? 정답은 '서구인의 우월의식'

제국주의는 정치적 · 경제적으로 다른 민족 · 국가를 지배하려는 충동이나 정책을 뜻한다. 다른 나라를 침략하여 통치하려는 시도는 고대부터 있어 왔다. 그러나 특히 1870년부터 20세기 초까지 유럽의 강대국과 일본 등이 해외에 식민지를 건설하여 억압과 착취를 일삼던 시기를 제국주의의 시대라고 일컫는다. 제국주의가 성행한 배경에는 여러 가지 복잡한 요인이 있으나, 바탕에 깔려 있는 것은 약소국 시민에 대한 서구인들의 우월의식이었다.

는 세계 최초로 코네티컷 주를 위시한 몇 개 주에서 정신박약아 등의 결혼을 법으로 금지시켰으며, 나아가 불임 수술 등을 통하여 범죄자 및 정신질환자의 혈통을 끊는 방법까지 시도되었다. 이러한 단종법斷種法은 1930년까지 미국의 28개 주에서 시행되어, 총 1만 5,000명의 미국인이 강제로 생식 기능을 잃었다. 그것도 법의 이름하에 합법적으로 말이다. 단종법은 1958년 폐지될 때까지 총 6만 명의 미국인에게 시술되었다. 이와 유사한 법은 복지 국가로 유명한 독일, 스웨덴, 노르웨이 등 유럽의 국가에서도 시행되었다.

우생학이 인류에게 미친 해악의 결정판은 무엇보다도 나치Nazis 독일의 유대인 대학살이었다. 히틀러를 우두머리로 하여 1933년부터 1945년까지 독일 정권을 장악한 독재 정당 나치는, 독일인의 근간을 이루는 아리안 민족을 가장 우수한 인종으로 내세우면서 자신들의 피가 하등한 민족, 특히 유대인의 피와 섞여서는 안 된다고 주장했다. 나치는 권력을 잡자마자 다음 해인 1933년 소위 '우생학 법률'을 공표하여, 1945년 제2차 세계대전으로 패망할 때까지 유대인과 집시, 그리고 소련군 포로까지 수백만 명을 격리하여 학살했다.

우생학의 시대는 제2차 세계대전의 종결과 함께 일단 막을 내렸다. 유전

우생학적 사고의 결정판, 홀로코스트Holocaust

제2차 세계대전 중 독일이 저지른 대학살을 홀로코스트라고 부른다. 홀로코스트는 그 이전부터 쌓여온 우생학적 사고의 결정판이라 할 수 있다. 제2차 세계대전을 전후하여 세계는 우생학적 이념에 휩싸여 있었다. 나치 독일 역시 1933년 소위 '우생학 법률Eugenikgesetz'을 통과시켜 정신질환자·장애우·알코올 중독자 등에 대한 강제 불임술을 시행했는데, 이는 미국의 사례에서 보았듯 독일만의 만행은 아니었다. 나치 독일은 여기서 한걸음 더 나아가 1939년에 가스실에서 수만 명의 장애우를 학살했는데, 학살의 규모가 수백 배 규모로 확대된 것이 바로 홀로코스트다. 아래 사진은 1921년에 열린 제2회 국제우생학대회the 2nd International Congress of Eugenics 때 발표된 해리 로플린Harry Laughlin의 작품으로 우생학의 자료가 되는 인체 측정 장면들을 담고 있다.

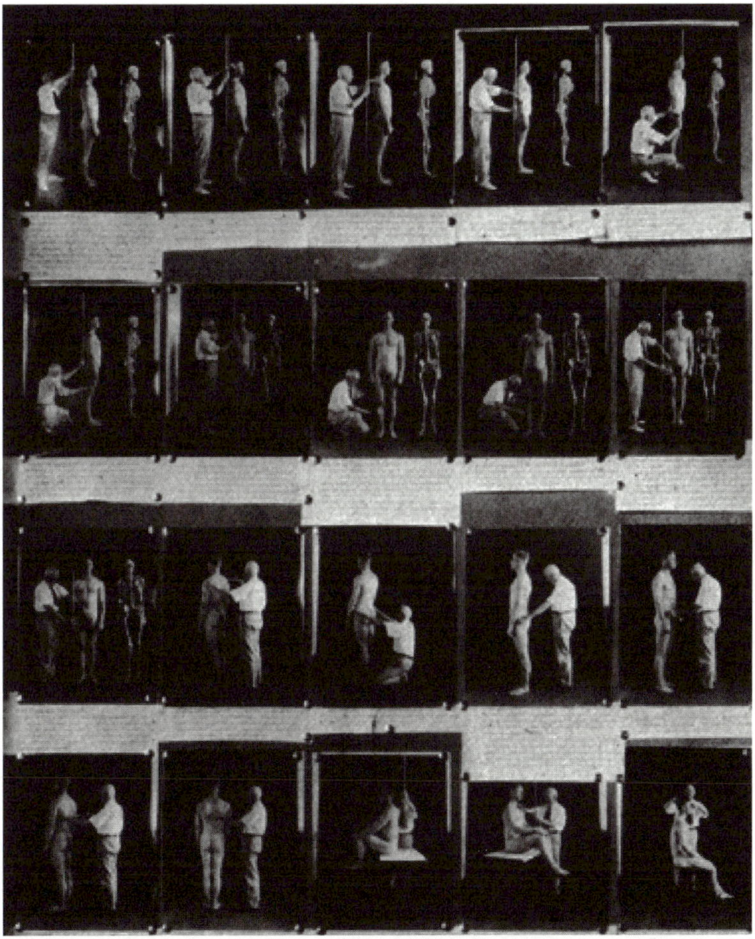

형질을 잣대로 인간의 우열을 규정하고, 소위 열등한 인간을 사회로부터 격리해야 한다는 주장이 불러일으킨 엄청난 비극을 보고 인류는 반성하기 시작했기 때문이다.

우생학의 비극은 그것이 과학적 오류를 담고 있을 뿐 아니라 윤리의식이 결여되어 있었기 때문에 일어났다. 첫째, 우생학의 과학적 오류는 유전자가 모든 것을 결정한다는 지나친 확신에 있다. 이를 유전적 결정론이라고 한다. 형질의 많은 부분은 유전자로부터 기인하지만, 그렇다고 형질의 100퍼센트가 유전자에 의해 정해지는 것은 아니다. 동일한 유전자를 가진 쌍둥이라고 해도 상이한 환경에서 길러질 경우 유사점 못지않게 차이점이 나타난다는 연구도 있다. 마찬가지로 어떤 사람이 장애나 질병, 빈곤에 시달리고 있다 하더라도 모든 원인을 자신에게 내재된 성향 탓으로 돌리는 것은 부당할 뿐 아니라 사실과도 다르다. 또한 누군가 장애를 갖고 있다고 해서 그 외의 신체적·정신적 능력까지 부족하다고 볼 수 있는 근거는 없다.
그러나 무엇보다도 우생학이 지닌 가장 커다란 맹점은 윤리적 양심의 결여에 있다. 신체적 · 정신적 능력에 따라 인간의 가치를 평가한다는 발상 자체가 비극의 씨앗이다. 물론 지금도 개인은 갖가지 잣대에 의해 평가받는다. 운동선수는 신체적 능력으로, 학자는 지적 수준과 학문적 능력으로, 직장인은 업무 관련 능력으로 말이다. 해당 분야에서 중요시되는 능력이 높으면 높을수록 좋은 성과를 낼 가능성이 크기 때문에 능력에 따라 기회와 보상을 받는 것이 일반적이다. 그러나 보상은 해당 분야에 한해 이루어질 뿐이지 그 자체가 인간의 가치를 가늠하는 잣대가 되지는 못한다. 일류 프로야구 선수 A가 만년 후보선수 B에 비해 월등한 연봉과 명예로 보상받는 것은 당연하지만 그것이 한 인간으로서 A가 B에 비해 월등하다는 의미는 아니다. 능력과 형질이 달라도 인간으로서의 가치는 누구나 동일하다. 인간은 본질적으로 평등하다는 이 당연한 명제야말로 인류가 오랫동안 피땀 어린 투쟁을 통해 얻어 내고 전파해 온 귀중한 사상의 근본이다. 우생학은 이러한 인간의 고귀함을 정면으로 부정한다. 인류는 스스로도 깜짝 놀랄 대재앙을 겪고 난 후에야 우생학의 미몽으로부터 벗어날 수 있었다.

우생학은 과학의 이름 아래 최소한의 윤리를 고려하지 않을 경우 상상조차 할 수 없는 참사를 불러올 수 있음을 보여 주는 대표적인 사례라고 할 수 있다. 이것이 비록 '역사' 안에 있기는 하지만 현재 그리고 미래의 문제이기도 하다. 그것은 생명공학이 그려 내는 장밋빛 미래의 모습이 우생학이 제시했던 그것과 너무나 흡사하기 때문이다.

제2차 세계대전 후 주춤했던 우생학은 분자생물학의 발전이 가속화되던 1960년대에 들어 다시 부활하기 시작했다. 분자생물학과 유전학의 발전으로 각종 질병의 원인이 되는 유전자가 하나 둘씩 확인되면서, 정신질환·알코올 중독·범죄 등을 유전적으로 예방한다는 대의 아래 인간이 인간을 개량해야 한다는 우생학적 사고가 암암리에 펴져 나가고 있다. 유전자 조작을 통해 부모가 원하는 형질을 지닌 아이만을 골라 낳거나, 유전자 검사를 통해 태아를 선별해야 한다는 주장은 인간의 등급을 매겨 개량해야 한다는 우생학의 관점과 너무도 유사하다.

DNA 이중나선구조를 발견함으로써 생명공학의 토대를 제공한 왓슨은 일찍이 흑인들의 지능이 백인들보다 열등하다고 주장한 바 있으며, 만일 뱃속의 태아가 동성애자로 판명된다면 산모에게 낙태할 권한이 주어져야 한다고 말하기까지 했다. 왓슨과 DNA 이중나선구조를 발견한 동료 크릭 역시 모든 신생아는 유전적 자질에 대한 검사를 받기 전에는 인간으로서 인정되어서는 안 되며 그 검사에서 실격하면 생존권을 박탈할 수밖에 없다는 섬뜩한 주장을 편 적이 있다.

이미 한 차례 실패로 끝난 과거의 우생학은 유전자 쇼핑을 통한 장밋빛 미래를 주장하는 생명공학과도 맞물려 있다. 과거의 우생학이 불러온 처절한 비극은 과학윤리의 이해와 실행이 과학 발전 이상으로 중요하다는 점을 보여 주었다. 따라서 우생학과 비슷한 아이디어에서 출발한 유전자 쇼핑 시대의 패러다임이 유사한 비극을 불러일으키지 않을까 하는 우려는 당연한 것이다. 우생학이 비극을 낳은 이유는 윤리의식이 없었기 때문이다. 우리는 같은 과오를 되풀이하지 않기 위해서라도 과학 기술의 영향력을 윤리적 관점에서 해석하고 비판할 필요가 있다. 그것이 바로 역사가 주는 교훈인 것이다.

과학은 인류의 행복과 복리를 추구하는 데 필수적이다. 그러나 과학이라는 도구는 그것을 손에 쥔 당사자에게도 해를 입힐 수 있는 날카로운 칼과 같다. 이 칼을 올바르게 사용하기 위해서는 칼을 다루는 기술뿐 아니라 날카로운 칼날로부터 자신을 보호할 수 있는, 윤리라는 보호구가 꼭 필요한 것이다.

과학윤리, 과학자가 아니라 시민에게 더더욱 필요하다

과학윤리는 어디까지나 과학과 연관된 윤리이니 과학자들만 준수하면 되는 것일까? 여기에 여러 가지 논란이 있었지만 최근에는 과학윤리가 과학계에서만 숙지하고 지켜야 할 것이 아니라 정부·시민 단체·일반 시민 등을 비롯해서 사회 전체가 관심을 가져야 할 사항으로 인정받고 있다. 과학 기술이 사회에서 차지하는 비중과 영향이 갈수록 커져가고 있기 때문에 과학자들 스스로 윤리를 지키리라고 앉아서 기대할 수만은 없기 때문이다.

20세기 들어 과학 활동의 규모가 팽창하고 과학 연구의 결과물들이 사회 전체에 직접적인 영향을 미치면서, 과학은 더 이상 그들만의 것이 아니라 도덕적 책임이 뒤따르는 사회적 활동이 되었다. 그러므로 과학자 및 그들의 단체들이 과학 연구를 수행함에 있어 윤리적 문제들을 이해하고 이에 적극적으로 대처해야 하는 것이다. 또한 비과학자들 역시 과학윤리에 관심을 가지고 때로는 과학자들의 활동에 개입해야 한다는 주장이 점차 무게를 더하고 있다.

유전자 쇼핑 시대를 바라보는 여러 가지 윤리적 관점

윤리의 역사는 인간 문명의 역사만큼이나 길다. 인류가 집단을 이루어 생활하면서부터 집단 내에서 지켜야 할 규칙과 지침이 생기기 시작했는데, 이것이 윤리의 시초라고 볼 수 있을 것이다.

인간의 문명과 사회가 발전하면서 윤리 역시 다양한 변천을 겪어 왔다. 시기적으로는 고대의 윤리와 중세의 윤리가 각각 지향하는 목적이나 구체적인 내용에 차이가 있으며, 지역적으로는 서양과 동양의 윤리에도 다른 점이 많다. 실로 다양한 윤리적 관점들 중 오늘날 생명공학의 발전과 관련하여 적용될 수 있는 윤리적 관점들로는 공리주의·의무론·정의론·생명중심주의를 들 수 있다.

공리주의: 선의 합이 크면 모든 것이 좋다

공리주의功利主義, utilitarianism는 종종 공리주의共利主義라고 잘못 쓰이기도 한다. 공리주의를 창시한 벤담Jeremy Bentham, 1748-1832이 남긴 "최대 다수의 최대 행복"이라는 말을 듣노라면 더더욱 그런 실수를 하기 쉽다. 그러나

"쾌락은 선善이요, 고통은 악惡이다." – 벤담

공리功利, utility가 의미하는 바는 행복 또는 쾌락에 대한 효용이기 때문에 공공의 이익을 의미하는 공리共利와는 다르다. 공리주의는 사회 전체의 '행복' 또는 '쾌락'의 합을 극대화하는 것을 모든 판단의 기준으로 삼는 윤리적 관점이다.

공리주의의 핵심은 크게 세 가지다. 첫째, 행위의 옳고 그름은 그 행위의 결과가 긍정적이냐 부정적이냐에 달려 있다. 행위의 동기나 명분을 중시하는 동기주의나 과정주의와 달리 공리주의는 결과 자체에 주목한다. 어떤 행위를 할 때 그 행위가 얼마만큼의 선과 악을 산출할 것인지를 생각한 뒤, 선에서 악을 뺐을 때 남는 선의 크기가 최대가 되도록 행동해야 한다는 것이다. 둘째, 공리주의에서 선은 행복 또는 쾌락이고 악은 고통이다. 여기서 쾌락은 배부름일 수도 있지만 지적 만족도 포함된다. 인간이 크고 작은 욕망을 충족시킴으로써 느끼는 긍정적인 느낌은 모두 쾌락이다. 이는 인간의 욕망이 억압받아야 할 것이 아니라 적극적으로 추구되어야 할 대상이며, 욕망이 충족된 상태인 행복이 삶에서 가장 중요하다는 것을 의미한다. 셋째, 공리주의는 개인뿐 아니라 모든 인간의 행복을 추구한다는 보편주의적 특징을 지닌다. "최대 다수의 최대 행복"을 추구하는 행위가 옳다는 것이다. 이는 대중의 행복을 보장하는 사회를 건설하는 데 있어 강력한 원리로 기능했다.

공리주의의 가장 커다란 의의는 인간의 행복과 쾌락 추구에 대한 죄의식을 던져 버렸다는 점이다. 서양 역사에 지대한 영향을 끼쳐 온 기독교에서 인간이 사는 목적은 행복의 추구가 아니라 신을 향한 회개와 봉사였다. 그러다 보니 인간의 희로애락을 억제하는 금욕주의를 추구할 수밖에 없었다. 그런데 공리주의가 인간의 삶에서는 행복, 즉 쾌락의 추구가 가장 중요하다고 주장하고 나선 것이다.
또한 벤담이 주창한 공리주의에서 추구하는 것은 “행위자 자신만의 행복이 아니라 관계된 모든 사람의 행복”이며, 모든 개인은 한 사람 이상으로 계산되지 않는다. 이는 특권층의 행복에 무게를 두지 않음으로써 개인의 무제한적인 쾌락 추구로 인해 사회에 해를 끼치는 것을 허락하지 않겠다는 의미다. 아울러 행복의 양을 따지는 데 있어서 사람에 따라 차별을 두지 않는다는 의미이기도 하다.
이를테면 소수 특권층의 지나친 선(행복)의 추구는 대중에게 악(불행)을 야기할 수 있으므로 양자의 선과 악 중 어느 쪽의 크기가 큰지가 관건일 뿐 권력이 큰 쪽의 선이 대중의 선보다 더 중요하다는 식의 차별은 인정되지 않는다. 그러므로 한 개인의 선은 권력자 한 명의 선만큼이나 중요하다. 이렇듯 소수의 특권층이 아니라 다수의 행복을 보장하는 사회는 공리주의가 추구하는 목표다. 공리주의는 “최대 다수의 최대 행복”을 추구함으로써 영국에서 노동 조건 개선, 대중교육 제도 전파, 보통 선거제의 확립 등 사회 개혁에 이론적으로 이바지했다.

공리주의적 관점에서는 생명공학 기술에 대한 종교적·철학적 접근보다는 실질적 효과와 위험성에 대한 손익 계산이 더욱 관심의 대상이라 할 수 있다.
인간 배아의 복제, 그리고 거기에서 얻어진 줄기세포의 분화를 통한 난치병의 치료 등 유전자 쇼핑 시대의 현상들은 “최대 다수의 최대 행복”이라는 공리주의의 원칙에 여러 모로 부합한다. 단 유전자 쇼핑을 통해 난치병에서 해방되는 환자의 행복이 부작용으로 인한 환자의 고통보다 크다는 것을 전제로 말이다. 따라서 공리주의적 관점에서 유전자 쇼핑이 인정받기 위해서는 의료윤리의 확립이 요구된다. 즉 유전자 쇼핑의 연구와 실행 과정에서 발생하는 고통을 최소화하는 방안이 필요하며, 이 조건이 충족된다면 공리주의적 입장에서는 유전자 쇼핑에 반대할 이유가 없다.

의무론: 인간을 도구가 아닌 목적으로 대하라

근대 철학의 가장 중요한 인물 중 하나인 칸트I. Kant, 1724-1804의 의무론은 공리주의와는 반대의 위치에 있다. 앞서 살펴보았듯이 공리주의가 결과에 따라 행위의 선악 여부를 판단하는 윤리 관점인데 반해, 의무론은 결과가 아닌 동기에 의해 행위의 도덕적 가치가 정해진다고 본다. 그래서 칸트의 의무론에서 중요하게 여기는 것은 결국 선한 일을 하겠다는 의지, 즉 선의지이다. 이를 풀어서 말하자면, 결과에 집착하지 않고 도덕적이면서도 필연적으로 지켜야 할 도덕규범을 따르는 것을 의미한다고 할 수 있다. 여기서 도덕규범은 상황이나 문화, 지역에 따라 달라지지 않는, 이성을 지닌 인간이라면 누구나 지켜야 하는 것이다. 칸트는 심지어 한 사람에게 옳은 일은 모든 사람에게 옳으며, 한 사람에게 그른 일은 모든 사람에게 그르다고 보았다. 칸트가 주장하는 도덕규범은 누구에게나 공통적인 진리로 존재하는 절대선이며, 이러한 절대선 또는 도덕규범을 존

"신은 인간을 자유롭게 창조했다.
인간은 자신의 힘을 현명하게 사용하는 방법을 배우기 위해 자유롭지 않으면 안 된다." -칸트

중하는 것이 인간의 의무이다.

그렇다면 이러한 도덕규범의 존재와 내용은 어떻게 알 수 있을까? 칸트는 인간이 타고난 능력인 실천이성을 통해 이러한 도덕규범을 인식할 수 있다고 주장했다. 인간은 스스로 무엇이 옳은 행위인지 판단할 수 있는 능력이 있다는 것이다. 어떻게? 바로 그 행위나 규칙의 보편성 여부를 따짐으로써 가능하다. 어떤 일을 할지 말지 결정할 때 개인의 이익에 따르는 것을 도덕률로 정한다면, 그 도덕률은 보편적일 수 없을 것이다. 타인과 조화롭게 살아가려면 개인적인 이익을 초월한 보편적 도덕률이 필요하다.

결국 칸트의 의무론은 타인에 대한 존중, 나아가 인간에 대한 존중을 바탕으로 하고 있다. 그래서 칸트는 언제나 인간을 목적으로 대하고, 결코 수단으로 사용하지 말라고 했다. 어느 누구든, 혹 우리에게 이익을 주지 않는 사람이라도 그가 인간이라면 당연히 존중받아야 한다는 것이다. 그리하여 칸트의 의무론에서 인간은 사물과는 달리 교환·대체가 불가능한 가치를 지닌다. 공리주의적 가치를 갖는 상품은 실용성에 따라 가격이 매겨지지만, 인간은 그 자체로서 가진 존엄성을 중요시해야 하며 항상 목적으로 대해야 한다.

의무론의 관점에서는 유전자 쇼핑의 많은 부분이 잠재적인 문제점을 갖고 있다. 예를 들어 인간 배아를 인간, 또는 그에 준하는 잠재적 가치를 지닌 존재로 본다면 인간 배아 복제는 의무론의 관점에서 용납될 수 없을 것이다. 의무론의 가장 큰 원리는 "인간은 그 자체가 목적으로 존중되어야지 어떠한 목적을 달성하기 위한 도구로서 취급되어서는 안 된다"이기 때문이다. 인간 배아 복제는 환자라는 인간을 위한 것이기는 하지만 무언가를 얻기 위해 배아, 즉 잠재적인 인간을 수단으로 사용한다는 면에서 이 원리를 정면으로 위배한다.

배아의 선택과 형질 조작 역시 부모가 원하는 형질의 자식을 얻기 위한 것이다. 이는 아기를 자연적으로 태어난 그대로 인정하는 대신, 원하는 기준에 맞는 아기를 배아 선택을 통해 골라 낳거나 아니면 미리 형질 조작을 하겠다는 뜻이다. 이 역시 인간을 목적으로 대하라는 의무론의 기본 원칙을 부정한다.

정의론: 최소의 수혜자를 고려하는 최대 행복

정의론은 미국의 롤스John Rawls, 1921-2002에 의해 확립된 현대윤리의 한 관점이다. '정의'라는 단어가 주는 뉘앙스에서 짐작할 수 있듯이, 롤스의 정의론은 기본적으로 도덕과 선이라는 가치를 추구하기 위한 지침을 담은 칸트의 의무론을 바탕으로 하고 있다. 롤스의 정의론이 칸트의 의무론과 다른 점은, 자유와 평등이라는 현대 사회의 과제를 둘러싼 갈등을 해소하기 위한 도덕적 원칙들을 제시하고 있다는 것이다.

정의론에 따르면 어느 누구의 인권도 사회 전체의 이익이라는 명분 아래 유린되어서는 안 된다. 이는 사회 전체의 쾌락의 대차 대조표를 만들어 쾌락의 양이 극대화되는 행위를 최선으로 보는 공리주의와는 대조적이다. 공리주의에서는 사회 전체의 행복을 위해서라면 어느 한 사람의 행복을 희생시키는 것이 정당화된다. 그러나 롤스는 "모든 인간의 기본권

“불평등을 허용한다. 단 약자가 가장 큰 이득을 얻을 수 있는 경우에 한해서.” –롤스

Bringing Logic To Bear on Liberal Dogma

Associated Press

ohn Rawls, who tried to inject reason into the welfare state.

By MICHAEL M. WEINSTEIN

THE most influential political philosopher of his died last week. But Prof. John Rawls of Harvar 82, was decidedly not a man of the current era. in the United States. In Britain and Canada, nature of liberalism still fascinates, newspapers last endless analyses of his legacy.

Starting in the 1950's, Mr. Rawls set down princi postwar welfare state, providing intellectual spine seeking tough-minded defense of their instinct to take fr and give to the poor. Professor Rawls's goal was to pro case for redistribution of wealth flowed from rational not sloppy moralizing or ideological froth.

As President Bill Clinton said in awarding him a 19 Medal of Arts, "Almost single-handedly John Rawls disciplines of political and ethical philosophy with his that a society in which the most fortunate help the least not only a moral society but a logical one."

Yet many of the scholars, including economists braced Professor Rawls's vision of a just society found analysis. His writing won their hearts if not their head

Professor Rawls offered two principles for a just outlined in his 1971 book, "A Theory of Justice." First, e should enjoy equally a full array of basic liberties. Sec policy should raise as high as possible the social and eco being of society's worst-off individuals.

This second principle rules out mindless egalita policies that, in the name of the poor, drive down living across the board. Rawlsian principles could, for exampl a conservative policy, say a cut in taxes on capital gain it could be shown that the cut would add some am incomes of the poor. Professor Rawls sought to sho principle flowed from rational deduction rather tha taste. To do that, he asked what social contract would consensus from a group of people not already blinded b of birth and other arbitrary advantages and disadvan

So he imagined people gathered behind "a veil of unaware of whether they were rich or poor, talented or kind of society would they build? He argued that the ru could agree on would be to maximize the well-being o off person — partly out of fear that anyone could win bottom. But critics pointed out that rational people behave that way: rather than avert risk, people mi gamble by calling for society to maximize the inc richest. Gambling may seem unattractive, but it is no

Despite the critics, Professor Rawls's ideas hav Thousands of books and articles have injected his liberalism into popular discourse. He won, then, by los

Michael M. Weinstein is director of programs at the Foundation and a former economics columnist for The

은 결코 정치적 흥정이나 사회적 이득의 계산에 의해 희생되어서는 안 된다"라는 점을 분명히 하고 있다. 이것을 '정의의 제1원칙: 평등의 원칙'이라고 한다. 여기서 평등이란 개인 대 개인은 물론이고 개인 대 집단일 경우에도 모두 동등한 가치를 지닌다는 의미이다. 정의론에서 개인의 기본권에 해당하는 것은 선거권·피선거권 같은 정치적 자유, 언론과 집회의 자유, 양심과 사상의 자유, 신체의 자유와 사유재산권 등이 있다. "다수의 행복을 위하는 경우라도 소수에게 희생을 강요할 수 없다"라는 정의론의 주장은 인간은 그 자체로서 존중받아야 하며 항상 목적으로 대해야 한다는 칸트의 주장과 유사하다.

정의론이 의무론과 다른 점은 공정한 분배를 중요한 목표로 삼았다는 점이다. 그래서 인간의 기본권은 어떤 경우에도 침해받을 수 없지만, 사회적·경제적 분배와 관련해서 '최하층을 배려하는' 불평등이라면 정당화될 수 있다. 부자들에게서 걷은 세금으로 빈민층을 구제함으로써 강자의 권리를 제약하고 약자의 혜택을 강화할 수 있는 것이다. 따라서 평등의 원칙은 모든 권리에 무조건적으로 적용되지 않으며, 더 큰 부정의를 피하기 위해서라면 기본권 이외의 권리에 불가피한 제약을 가하는 것을 허용한다. 이것을 '정의의 제2원칙: 차등의 원칙'이라고 한다.

인간의 가장 기본적인 권리는 어떠한 대의명분으로도 침해할 수 없다는 정의론에 따르면, 인간 배아가 인간 또는 그에 준하는 존재로 인정될 경우 인간 배아 복제가 배아의 생명권을 침해하므로 의무론에서와 마찬가지로 용납될 수 없다. 이를 통해 의무론과 정의론에서 인간 배아 복제의 정당성 문제는 인간 배아를 인간으로 볼 것이냐 말 것이냐에 달려 있음을 알 수 있다.

그런데 정의론은 의무론에서 한발 더 나아가, 사회 최하층의 입장까지도 가치 판단의 기준으로 삼는다. 유전자 쇼핑이 비록 기본권의 관점에서 하자가 없다 치더라도, 분배의 정의를 약화시켜 최하층의 행복에 부정적인 영향을 미친다면 정의론에서는 유전자 쇼핑을 반대할 것이다. 유전자 쇼핑의 성과가 일부 특정 계층에게만 돌아가는 불평등이 계급 간의 불공정 경쟁을 유발하여 사회적 불평등을 악화시키는 것이 그런 경우다.

생명중심주의: 생명이 모든 판단의 첫 번째 기준이다

생명중심주의는 현대 문명의 발달로 인해 자연이 급속히 파괴되고, 갖가지 명분으로 생명을 살상하는 일이 빈번해지자 이에 대한 비판으로부터 출발한 윤리 사상이다. 20세기 후반의 전세계적인 산업화에 힘입어 인류는 역사상 그 어느 때보다 풍요로운 세상을 누리고 있다. 하지만 그와 비례하여 생물의 멸종과 환경의 파괴 역시 엄청난 규모로 일어나고 있다. 이러한 극과 극의 모습은 왜 나타났을까? 인간의 복리만을 중시하여 동식물의 생명은 배려하지 않는 이율배반적인 태도로부터 비롯되었다고 보는 것이 타당할 것이다. 생명중심주의는 이에 대한 문제의식 아래 인간뿐만 아니라 모든 살아 있는 존재를 존중하자는 관점으로부터 출발한다.

생명중심주의의 대표자인 슈바이처Albert Schweitzer, 1875-1965는 생명에 대한 외경을 강조했다. 자신을 소중히 하듯 살아 있는 모든 것을 소중히 대

"나는 살려고 하는 생명에 둘러싸인 살려고 하는 생명이다." -슈바이처

해야 한다는 것이다. 이는 상호존중을 토대로 한다는 점에서 칸트의 의무론과 같은 출발선에 있다. 하지만 생명중심주의에서는 그러한 존중의 대상이 사람뿐 아니라 모든 생명이라는 점에서 인간중심적인 시각을 탈피했다.

이러한 생명중심주의는 탈脫인간중심주의적 색채가 강하기 때문에 현대 사회에서는 100퍼센트 지켜지기 어려운 것이 사실이다. 현대 사회의 구조에서 모든 생명의 가치를 인간과 동일하게 취급한다면 인간은 굶어 죽고 말 것이다. 고기가 아닌 쌀이나 밀과 같은 작물을 먹는 것도 역시 작물의 생명을 빼앗아 인간의 식량으로 삼는 행위이기 때문이다. 따라서 생명중심주의자들은 인간이 현실적으로 삶을 꾸려 나가면서도 생명중심주의를 실천할 수 있는 방안을 제시한다. '본질적 필요'와 '부수적 필요'의 구분이 그것이다. 의식주 등 생존을 위해 인간 이외의 다른 생명을 살상하는 것은 불가피하다고 해도, 쾌락과 소비를 위해 생명을 살상하는 것은 죄악으로 규정하는 것이다. 이에 따르면 고기를 먹기 위해 가축을 도살하는 것은 필요악이지만, 모피 코트를 입기 위해 동물을 살상하는 것은 죄악이다.

생명중심주의는 생명윤리학과 환경윤리학에 중요한 토대를 제공한다. 실험용 동물들의 고통을 최소화하기 위한 가이드라인이 그 좋은 예다. 생명공학 역시 생명의 발현에 깊숙이 관여하기 때문에 생명중심주의에 의해 끊임없는 검토와 비판을 받는다. 따라서 생명공학 기술의 미래를 예측하고 판단하는 데 있어 생명중심주의는 중요한 윤리적 틀이다.

생명중심주의는 생명을 가장 중요한 가치로 여긴다. 이러한 윤리관은 인간뿐 아니라 살아 있는 모든 생명체에게도 동등하게 적용된다. 이것이 생명중심주의가 인간의 생명과 권리에만 초점을 맞추는 공리주의, 의무론, 정의론과 다른 점이다.

따라서 생명중심주의는 공리주의나 의무론, 정의론의 관점에 비해 유전자 쇼핑, 특히 인간 배아 복제에 대해 보다 강력하게 반대할 가능성이 크다. 인간 배아가 과연 인간인가 아닌가를 판단하는 데 있어 생명중심주의는 보다 엄격하고 신중한 잣대를 들이댈 것이기 때문이다. 생명중심주의자는 인간 배아가 비록 인간의 형태와 특징을 갖고 있지는 않지만 살아 있는 어떤 존재라는 사실 자체만으로도 존중받아야 한다며 배아 복제에 반대할 것이다. 줄기세포에 의해 환자의 생명을 되찾는 것도 중요하지만, 그것이 배아라는 생명체를 희생시키면서 이루어지기 때문이다. 생명중심주의의 입장에서는 배아를 아직 '인간'까지는 아니어도 '생명'이라고는 볼 수 있다.

유전자 쇼핑을 둘러싼 관점들, 어느 것도 완벽하지는 않다!

앞에서 살펴본 여러 가지 윤리적 관점들은 모두 유전자 쇼핑 시대와 관련하여 중요한 논리를 담고 있다. 거기에 유전자 쇼핑 시대를 둘러싼 의견들을 대입하여 생생하게 들어 보는 것은 어떨까? 각각 다른 윤리적 관점을 가진 인물들이 유전자 쇼핑에 대한 의견을 피력하는 토론의 장을 가상으로 꾸며 보았다.

사회 오늘 '유전자 쇼핑, 무엇이 문제인가?' 토론회에 참석해 주신 여러 분께 감사드립니다. 패널로는 칸트 의무론의 정통 계승자 '나칸트'님, 공리주의의 대변자 '최공리'님, 사회정의 구현에 여념이 없으신 '오정의' 님, 생명 경시 세태에 반기를 든 '한생명'님께서 참석해 주셨습니다. 아, 칸트 의무론을 좀 더 유연하게 해석할 것을 부르짖으시는 '이칸트' 님도 계셨군요. 어느 분께서 먼저 시작하시겠습니까?

나칸트 저는 일찍이 칸트가 남긴 유명한 말, "너 자신에 있어서나 다른 모든 사람에 있어서나 인격을 단지 수단으로만 사용하지 말고 언제나 동시에 목적으로 사용하도록 행위하라"라는 명제로부터 이야기를 풀어갈까

합니다. 사람은 특별한 재능이나 경제적 능력이 있어서가 아니라, 인간 그 자체로서 존귀함을 지닙니다. 그러므로 사람이 다른 목적을 위해, 혹은 다른 이익을 위한 수단으로 이용되어서는 안 됩니다. 그런데 태아의 유전자 쇼핑은 인간의 존귀함과 목적성에 관한 명제에 정면으로 대치됩니다. 유전자 쇼핑은 자식이 갖추어야 할 어떠한 기준을 설정하고 그 기준을 충족하는 아기를 골라 낳거나, 아니면 미리 형질 조작을 하겠다는 것입니다. 이는 부모의 조건 없는 사랑에 바탕을 두고 있다기보다는 일그러진 욕망을 충족시키기 위한 것입니다. 인간을 규격화된 공산품처럼 취급하는 시도가 있어서는 안 됩니다.

최공리 그렇지만 유전자 쇼핑이 가져다 줄 수 있는 폐해를 잘 통제하고 이득을 잘 활용한다면 인류 전체에 득이 되지 않겠습니까? 유전자 쇼핑은 개인이 보다 건강하고 능력 있게 살 수 있는 유전적 토대를 마련해 주며, 질병으로 인한 사회적 지출을 줄여서 사회의 발전 가능성을 높일 수 있습니다. 우수한 지적 능력을 가지고 80세까지 일하는 사람이 뭔가 더 큰 일을 하지 않겠습니까? 학문과 기술, 문화는 이전보다 빠른 속도로 발전하겠지요. 배아 선택과 형질 조작은 개인뿐 아니라 사회적으로도 이득이 될 것입니다.

나칸트 말씀은 결과만 좋다면 과정이야 어찌됐든 상관이 없다는 얘기로 들립니다. 인류 전체의 복리라는 명분 아래 개개인이 가진 인간으로서의 존엄성이 훼손되는 것을 용납해도 괜찮을까요?

최공리 아니지요. 저는 사회의 이익을 위해 개인의 존엄성이 짓밟혀도 괜찮다고 하는 것이 아닙니다. 유전자 쇼핑은 개인이 태생적인 한계를 뛰어넘어 인간답게 살 권리를 주는 적극적인 방법이기도 합니다. 질병을 타고난 아기가 있다고 칩시다. 유전자 쇼핑 기술로 이 아이가 건강하게 태어나도록 할 수 있다는데도 배아 조작이 자연의 섭리를 거스른다든가 인간을 도구화한다든가 하는 추상적인 명제에 따르자고 마냥 반대할 수 있을까요? 유전자를 조작해서라도 아기가 건강하게 태어나도록 하는 것이 인간의 존엄성을 지키는 것입니까, 아니면 문제를 알고도 방치해서 한 사람이 평생 동안 장애를 안고 가게 하는 것이 인간적입니까? 진심으로 묻고 싶습니다.

한생명 유전자 쇼핑이 혜택을 주는 것도 사실이지만, 그 이상으로 끔찍한 희생이 있을 수 있습니다. 유전자 쇼핑의 방법 중 PGD, 즉 착상 전 유전자 검사를 통한 배아 선택은 여러 개의 배아 중 가장 바람직하다고 생각되는 하나의 배아를 골라 태아로 키워 내는 것입니다. 당연히 선택되지 못하는 배아는 폐기됩니다. 여기서 배아도 인간이라는 명제를 받아들인다면, 한 명의 우량한 아기를 얻기 위해 다른 열등한 아기, 적어도 아기가 될 수 있는 배아를 죽이는 셈이지요. 태어날 아기를 위한다는 유전자 쇼핑으로 인해 잠재적인 아기들이 죽게 되는 것입니다. 이렇게 유전자 쇼핑은 한쪽의 생명을 희생시켜 다른 한쪽의 복리를 추구하는 끔찍한 살풍경이 될 수도 있습니다. 클론, 즉 복제 인간을 죽여 얻은 장기로 원본 인간을 치료한다는 내용의 영화 〈아일랜드Island, 2005〉의 설정이 마냥 허황된 것은 아닌 셈입니다. 차이가 있다면 영화 속에서는 다 자란 사람이 희생되는 반면, 유전자 쇼핑 단계에서는 사람처럼 여겨지지도 않고 스스로 의사 표현도 할 수 없는 연약한 배아가 죽는다는 점 정도겠지요.

사회자 잠시 여기서 짚고 넘어갈 문제가 있습니다. 한생명 님의 주장은 배아가 인간과 동등한 생명이라는 전제 위에서 성립하는 것 같습니다. 그렇지만 그에 대한 반대 의견도 만만치 않습니다. 인간의 모습을 갖추지도 않았고 생존 본능이나 고통을 느낄 만한 기관의 분화도 일어나지 않은 배아를 인간과 동급으로 취급할 수 있을까요? 배아는 정자나 난자 같은 세포 덩어리라고 보는 입장도 있지 않습니까? 이에 대해서는 어떻게 생각하시는지요?

한생명 맞습니다. 배아가 분화되는 과정의 어느 단계부터 인간으로 볼 것인지에 대해 많은 논란이 있습니다. 만일 이를 수치로 정리한다면 임신 5개월째인 태아를 인간으로 보았을 때, 4개월 29일 된 태아는 인간이 아닌가요? 결론부터 말하면 이 문제에 대해서는 명확한 기준이 없습니다. 어느 지점을 딱 집어 그 이전은 세포 덩어리, 그 이후는 존엄한 인간, 이렇게 구분하기란 불가능합니다. 그러니 더더욱 명확한 증거나 합의가 있기 전까지는 정자와 난자의 수정 이후에 생긴 배아를 인간과 동일하게 존중해야 합니다. 나중에 배아를 인간이라고 볼 수 없다는 결론이 나면 차라리 괜찮습니다. 그러나 그동안 배아를 마구 죽여 왔는데 알고 보니 배아도 인간이라 할 수 있겠더라, 한다면 그때 가서 우리가 무엇을 할 수 있겠습니까?

최공리 물론 배아가 인간으로 취급될 가능성도 존재합니다. 공리주의의 관점 역시 배아가 인간이냐 아니냐에 크게 기대고 있습니다. 유전자 쇼핑으로 인해 복리가 커지더라도 그로 인해 다른 생명이 파괴된다면 전체적인 복리의 총합은 음(−)이 될 테니까요. 그런데 이 문제는 어찌 보면 과학적 증거보다 개인의 종교적 신념이나 가치관 같은 주관적인 믿음에 달려 있는 것 같습니다. 예를 들어 낙태는 많은 국가에서 법률 · 사회적으로 용인되지만, 가톨릭교회는 죄악으로 간주하지 않습니까? 반대의 관점도 존중받아야 하지만, 그렇다고 주관적일 수밖에 없는 반대론에 근거해서 보수적이고 엄격한 잣대를 들이대는 것이 옳을까요? 물론 낙태가 바람직하다는 뜻은 아닙니다. 그러나 낙태도 허용하는 사회에서 태아보다 인간으로 보기 어려운 배아의 폐기가 받아들여지지 않을 이유는 무엇입니까? 배아가 인간이라 할 수 없을 가능성도 큰데, 유전자 쇼핑으로 얻을 수 있는 절실한 혜택을 포기한다는 것이야말로 추상적인 도덕을 위해 인간의 행복을 무시하는 비인간적 · 교조주의적 선택일 수도 있습니다.

나칸트, 한생명 (함께) 지금 뭐라고 하셨습니까?

사회자 자, 자, 진정하시고요. 상대에게 불쾌감을 줄 수 있는 자극적인 표현은 삼가 주시기 바랍니다. 배아가 인간으로서, 또는 생명으로서 가치를 지니느냐에 따라 유전자 쇼핑이 정당한가에 대한 답이 달라질 수 있다는 데에는 모든 분들이 동의하시는 것 같습니다. 동시에 최공리 님께서 말씀하신 대로 배아가 인간인지 아닌지 현재로서는 쉽사리 결정 내릴 수 없다는 점도 받아들여야 할 것 같습니다. 그런데 배아의 문제만 해결된다면 유전자 쇼핑의 정당성이 해결될까요? 배아를 인간으로 볼 수 없다는 과학적 증거가 발견되고 여기에 사회가 수긍한다면, 그때는 안심하고 유전자 쇼핑을 해도 될까요? 물론 기술적 불완전성은 해결된 것으로 가정하겠습니다.

나칸트 토론의 시작에서 말씀 드렸듯이, 부모의 입맛에 맞추어 태아의 형질을 조작한다면 태아의 존엄성이 훼손될 수 있습니다. 먼저 태어난 아이를 치료하거나 불임 부부에게 아기를 갖도록 하기 위한 목적 등으로 인간 개체 복제를 할 경우도 마찬가지입니다. 유전자 쇼핑을 비롯한 생명공학 기술들은 인간을 자연의 축복이 아닌 사람의 입맛에 맞춘 도구로 전락시킬 가능성이 큽니다.

이칸트 저는 나칸트 님의 논지를 이해하면서도 그것이 칸트의 철학을 지나치게 확대 해석하는 것일지도 모른다는 생각이 듭니다. 칸트는 "인격을 단지 수단으로만 사용하지 말고 언제나 동시에 목적으로 사용하도록 하라"라고 말했습니다. 이는 칸트가 인간이 불가피하게 수단으로 사용되는 경우를 완전히 배제하지 않았음을 보여줍니다. 칸트는 인간을 수단뿐 아니라 목적으로도 대하라고 주장한 것입니다. 따라서 인간을 수단으로만 취급하면 잘못된 것이지만, 수단인 동시에 목적으로 대한다면 잘못될 것이 없습니다. 사실 인간을 목적으로 대하느냐 수단으로 대하느냐에 명확한 구분은 없습니다. 부모의 헌신도 자식을 목적으로 대하는 마음에서 나오지만, 동시에 부모는 그로 인해 행복을 느낍니다. 부모가 자신의 만족을 위해 자식에게 헌신했다고 해서 자식을 도구로 대했다고 할 수 있을까요? 아니지요. 자식의 유전자를 미리 조작하는 부모의 선택도 부모의 조건 없는 바람의 결과입니다. 칸트의 명제를 조금만 유연하게, 그리고 본질에 충실하게 해석한다면 인간을 목적인 동시에 수단으로 대한다며 유전자 쇼핑을 문제 삼을 수는 없을 것입니다.

사회자 의견 감사합니다. 그런데 여기서 좀 더 거시적으로 볼 필요가 느껴집니다. 지금까지는 주로 유전자 쇼핑과 관련하여 개인의 선택이 지니는 도덕적 정당성이나 그로 인한 결과에 초점이 맞춰진 것 같습니다. 최공리 님께서는 사회 전체의 복리를 위해서라면 유전자 쇼핑을 받아들일 수 있다는 의견을 제시해 주셨습니다만, 예기치 않은 악영향을 끼칠 가능성 역시 존재할 것 같습니다. 개인 차원에서 가장 합리적인 선택이 언제나 사회적으로도 최선의 결과를 가져온다고는 할 수 없으니까요.

오정의 제가 우려하는 점이 바로 그것입니다. 저는 기본적으로 나칸트 님이나 이칸트 님의 입장에 동의합니다. 그런데 거기서 더 나아가 기본권과 분배권이라는 또 다른 관점에서 유전자 쇼핑의 타당성을 검토하려 합니다. 그에 따라 유전자 쇼핑 역시 명백하게 허용되어야 하는 경우와 그렇지 않은 경우로 나뉠 수 있다고 봅니다. 물론 배아가 인간이냐 아니냐 하는 문제는 사회자가 말씀하신 대로 미루어 놓고 이야기하겠습니다.
첫째, 유전자 쇼핑은 누구도 침해할 수 없는 인간의 기본권일까요? 유전자 쇼핑이 절실하게 필요한 사람들 중에는 유전병을 가지고 있어서 자식 역시 유전병을 타고날 가능성이 높은 부부도 있을 것입니다. 이들이 건강한 자식을 낳을 수 있는 거의 유일한 방법인 유전자 쇼핑을 금지한다면, 그들은 가장 강렬하고 기본적인 욕구이자 권리인 생식권을 포기할 수밖에 없습니다. 유전자 쇼핑이 받아들여진다면 유전병으로부터 자유로운 아기를 낳을 수 있을 것이고요. 이런 경우에는 유전자 쇼핑을 제한하는 데 명분이 없을 뿐더러, 만일 제한한다면 인간의 기본권을 제약하는 것이 됩니다.

사회자 유전자 쇼핑이 자연적인 제약으로부터 인간을 해방시켜 자식을 얻고 싶어 하는 인간의 기본권을 누리는 데 도움이 될 수 있다는 말씀이군요. 최공리 님의 요지와 크게 다르지 않은 것 같은데요?

오정의 그렇게 보일 수도 있습니다. 그러나 정의론에서는 어떤 권리가 인간의 기본권에 해당될 경우, 어떠한 사회적인 명분에 의해서도 그것을 제약하지 못한다고 규정하고 있습니다. 예를 들어 보지요. 유전자 쇼핑에 긍정적인 면이 있다 해도 사회 전체적으로 끼칠 부정적 영향이 크면 공리주의는 유전자 쇼핑을 사회의 이름으로 반대할 수 있습니다. (최공리를 바라보며) 그렇지 않습니까?

최공리 예, 그렇습니다. 공리주의에서 중요한 것은 이득과 손실의 합계입니다. 유전자 쇼핑이 정당화되려면 그로 인한 이득의 합이 손실의 합보다 커야 합니다. 도덕의 문제는 그다음이지요. 부정적인 면이 긍정적인 면보다 크다면 당연히 유전자 쇼핑은 금지되어야 합니다. 저는 일단 긍정적인 면이 더 클 것이라고 기대하고 있기는 합니다만.

오정의 정의론에서는 좀 다릅니다. 일단 유전자 쇼핑이 인간의 기본권에 해당한다면, 그것은 어떠한 명분으로도 제약받을 수 없습니다. 따라서 유전병의 예방을 위한 유전자 쇼핑은 단순히 허용되어도 좋다는 정도가 아니라, 반드시 허용되어야 하는 것이지요. 그런데 문제는 정상적인 부모도 유전자 쇼핑을 하고 싶어 할 가능성이 높다는 겁니다. 타고난 지능이나 신체적 능력이 탁월한 아이를 얻기 위해서 말이죠. 그렇지만 이 경우에는 유전자 쇼핑이 기본권이라고 보기 어렵습니다. 물론 자식에게 좋은 소질을 주고 싶은 것이 개인의 당연한 욕구이자 권리지요. 유전자 쇼핑으로 건강하고 똑똑하고 외모도 뛰어난 자식을 얻을 수 있다는데, 누가 그 유혹을 거부할 수 있을까요? 하지만 유전자 쇼핑이 질병의 예방이 아니라 능력강화에 사용된다면, 정의론에서 기본권과 더불어 중시하는 분배적 정의가 약화될 가능성이 있습니다. 유전자 강화 시술 비용이 저소득층도 이용할 수 있을 정도로 저렴해지지 않는 한, 빈부 격차가 더 벌어질 가능성이 높습니다. 아무리 널리 보급된다 해도 혜택을 받지 못하는 계층은 분명 존재할 것입니다. 지금도 기본적인 치료조차 받기 힘든 저소득층이 있는 것처럼 말입니다. 그러므로 질병 예방을 위한 유전자 쇼핑은 금지할 수 없지만, 능력강화를 위한 유전자 쇼핑은 분배적 정의를 약화시킬 가능성이 높으므로 적극적으로 통제해야 한다는 것이 제 주장입니다.

사회 그러한 차등적인 통제가 가능할까요? 질병 예방과 능력강화는 무 자르듯이 구분할 수 없을 정도로 경계가 아주 모호하지 않습니까? 예를 들어 치매 방지는 질병 예방에 해당하겠지만 이는 기억력이라는 능력을 강화함으로써 이루어집니다. 어디까지가 질병 예방이고 어디부터가 능력 강화인지를 따진다면 논란만 가중될 것으로 보입니다.

오정의 예, 인정합니다. 그러나 어려움이 있다고 포기하는 것은 미래를 대비하는 바람직한 자세가 아니라고 봅니다. 허용할 수 있는 것과 허용할 수 없는 것이 무엇인지에 대해 사회적으로 합의를 끌어내고, 그에 맞추어 미래를 준비해 나가는 적극성이 필요하다고 생각합니다. 유전자 쇼핑의 어떠한 측면에 대해서 반대하는 쪽으로 사회적 합의가 모아졌는데도, 그것이 현실적으로 어렵다며 노력조차 하지 않는다면 세상은 어떻게 될까요? 진정한 디스토피아는 바로 그런 태도에서 시작될 것입니다. 문제는 문제가 많은 상황 자체가 아니라, 그 문제를 해결하겠다는 구성원의 의지가 없는 무기력한 상태입니다.

사회 잘 알겠습니다. 이쯤에서 오늘의 이야기를 정리해 보겠습니다. 유전자 쇼핑, 구체적으로 배아 선택과 조작을 통해 아기의 질병을 예방하고 원하는 형질을 갖추는 것이 인류 전체는 물론 인간 개개인의 행복에 지대한 기여를 할 수 있다는 점은 부인할 수 없을 것 같습니다. 그러한 시도가 인간의 한계를 뛰어넘는 것인지, 아니면 인간을 도구화하는 것인지에 대한 논란은 둘째로 친다 해도 말이죠. 그러나 동시에 유전자 쇼핑이 인간에게 해악을 끼칠 가능성 역시 발견할 수 있습니다. 본 토론에서는 유전자 쇼핑 과정에서 일어날 수 있는 문제들, 예를 들어 예기치 못하게 기형아가 태어나거나 신체적 부작용이 발생할 가능성에 대해서는 다루지 않았습니다. 다시 말해서 유전자 쇼핑이 아주 안전하게 이루어진다고

만 가정한 것이지요. 그런데도 많은 문제점이 제기되었습니다. 배아의 인권에 대한 논란에서부터, 유전자 쇼핑으로 태어나는 아기의 존엄성에 대한 문제, 그리고 이로 인해 일어날 사회적 불평등에 대한 우려 등등 말이지요. 그만큼 하루 이틀 안에 결론 내릴 수 있는 간단한 문제가 아니라는 뜻이겠지요. 여러분들이 각자의 윤리적 관점에서 제시해 주신 의견들은 충분히 귀를 기울일 만합니다. 그러나 동시에 어느 분도 완벽한 해법을 내놓지 못하셨음을 겸허히 인정해야 할 것 같습니다. 이를 바꿔 말한다면, 유전자 쇼핑 시대에 대해 우리가 지금 확실하게 알 수 있는 것은 모든 가능성을 열어 놓고 진지한 탐색을 계속해야 한다는 사실, 바로 그것일 것입니다. 지나친 낙관도, 과장된 두려움도 없이 현실적인 예측에 바탕을 두고 말이지요. 오늘 나와 주신 모든 분들, 감사합니다.

바른 선택을 위한 준비: 제어와 종속, 설렘과 두려움의 경계선에서

너무나 다양한 윤리적 관점, 도대체 어느 것을…?

독자들은 윤리라는 틀을 통해 유전자 쇼핑 시대를 바라보려는 시도로 인해 도리어 머리가 복잡해졌을지도 모르겠다. 윤리적 관점 자체가 워낙 다양하며, 그에 따라 유전자 쇼핑 시대의 이슈들에 대한 찬성과 반대 역시 엇갈리기 때문이다. 게다가 어떤 사안에 대해서 서로 다른 목소리를 낸다고 해서 그중 누군가 틀리다고 콕 찍어 말할 수는 없으면서도 어느 하나에 전적으로 의존할 수도 없다. 윤리를 등불 삼아 유전자 쇼핑 시대를 대비하려는 노력은 여기서 암초에 부딪힌다.

그렇다고 생명공학 기술을 인간에게 유용하게 발전시키는 데 있어 윤리적 소양이 도움이 되지 않을 거라는 의미는 아니다. 고대로부터 현대에 이르기까지 실로 다양한 윤리가 정립되고 또 사라져 갔다. 그중에는 특정 시대나 환경하에서는 영향력을 지니다가 시간이 흐르면서 사장된 것들도 있고, 현대에는 받아들이기 어려운 관점도 있다. 하지만 적어도 시대를 초월하여 지금까지 회자되고 있는 윤리들은 충분히 타당한 규범과 원리를 담고 있다고 할 수 있다. 아울러 근래에 새로이 대두된 윤리는 비록 그 역사는 짧다 할지라도 오랜 역사를 통해 인류가 발전시켜 온 가치들을 담고 있다. 이는 윤리적 가치를 존중하는 것이 개인과 사회의 행복을 위해 반드시 필요함을 말해 준다. 우리는 윤리적 관점 아래 규범을 만들고 이를 준수해야 갈등과 고통을 최소화하고 조화롭게 살아갈 수 있는 것이다.

여러 가지 윤리적 관점에서 유전자 쇼핑 시대의 이슈를 해석하는 것은 공생의 길을 향한 출발점이다. 이는 최선의 규범을 제시하기 위해서라기보다, 윤리적 관점에 비추어 비판적으로 이슈를 살펴보고 그것이 지닌 긍정적·부정적 영향을 찾아내기 위해서다. 예를 들어 공리주의는 유전자 쇼핑을 통해 우수한 형질을 타고난 사람들이 사회를 채우게 되므로 사회 전체의 이익을 키운다는 점에 주목한다. 그러나 그로 인한 혜택은 일부 계층만 누릴 수 있으며, 그로 인해 불평등이 심화될 것이라는 가능성까지는 고려하지 않는다. 공리주의가 보지 못하는 이러한 사각지대는 분배적 정의를 강조하는 정의론에 의해 조명될 수 있다. 또한 배아 복제가 인간의 도구화를 불러일으킬 가능성에 대해 의무론의 관점에서 파헤치다 보면, 유전자 쇼핑이 인간의 존엄성을 훼손하는 면과 그렇지 않은 측면을 모두 포함하고 있다는 것을 알게 된다. 이렇듯 윤리적 관점의 다양함은 이슈를 이해하는 데 있어 충돌과 혼란을 가져오는 것이 아니라 이슈의 다양한 측면을 보여 줌으로써 문제를 다각도로 이해하고 판단할 수 있게 해준다.

왜 비과학자들에게도 과학 지식이 필요할까?

유전자 쇼핑 시대를 해석하기 위해 윤리적 소양 못지않게 중요한 것은 과학적 지식이다. 동일한 윤리적 관점을 들이대더라도 사실 자체에 대한 해석이 다를 경우 윤리적 판단의 결과 역시 달라질 것이다. 잘못 알고 있는 사실을 가지고 해석해 봤자 잘못된 결론만 나올 뿐이기 때문이다.

이와 관련해서 첨예하게 계속되는 논란 중 하나가 바로 배아가 인간인가 아닌가 하는 문제이다. 앞에서 어떤 관점에서든 이 문제에 대한 결론에 따라 인간 배아 복제나 배아 선택 등의 생명공학 기술에 대한 찬반이 엇갈릴 수 있음을 살펴본 바 있다. 이 초기 배아가 단순한 세포 덩어리라면 우리는 생명공학 기술의 과정에서 버려지는 배아에 대해 양심의 가책을 느낄 필요가 없을 것이다. 그 결과 생명공학 기술을 통제해야 할 윤리적 근거 중 하나도 사라지게 되고 말 것이다. 반대로 배아를 인간으로 볼 수 있는 과학적 증거가 나온다면 배아를 소모하는 모든 생명공학 기술은 살인 행위나 마찬가지가 되므로 엄격하게 통제되어야 할 것이다. 그러나 이 문제는 아직까지 명확한 결론 없이 표류하고 있다. 이것만 봐도 인간이 유전과 생명현상에 대한 지식을 끊임없이 발전시켜야 함을 알 수 있다.

미래의 시민, 합의하고 실행하고 감시하라

정확하고 과학적인 지식을 바탕으로 하고, 거기에 다양한 윤리적 관점을 적용하여 어떤 문제에 대한 이해와 판단을 얻는 데 성공했다 치자. 하지만 그것을 토대로 사회 전체의 의사결정을 내리는 과정이 아직 남아 있다. 앞에서 살펴보았듯이 현대 사회에는 다양한 윤리 이론들이 있다. '다원주의'라는 말에서 알 수 있듯이 현대 사회는 하나의 윤리나 가치체계에 의해 지배받지 않는다. 대신 다양한 윤리 이론과 가치체계들이 공존하면서 서로 경쟁하고 토론하며 합의를 도출해 간다. 유전자 쇼핑 시대의 이슈들이 보여 주는 윤리적 갈등 역시 대화와 토론을 통해 도출된 대안을 가지고 해소하는 수밖에 없다. 수많은 윤리 이론과 가치체계 중 어느 것이 절대적으로 옳다고 할 수는 없으며, 현대와 같은 다원주의 사회에서 어느 하나의 입장만을 강요할 수는 더더욱 없기 때문이다. 유전자 쇼핑 시대의 이슈들처럼 찬반이 첨예하게 갈리는 문제에 대해서는 양쪽이 자유롭고 평등한 관계에서 의견을 나누고 토의하고 합의를 이끌어 내야만 부작용과 갈등을 예방할 수 있다.

그렇다면 지식을 확보하고 윤리로 판단한 뒤 대화와 토론을 거침으로써 궁극적으로 우리가 마련해야 할 것은 무엇인가? 유전자 쇼핑 시대를 위해 토론과 합의를 통해 준비해야 할 대안이란 과연 무엇일까? 그것은 필요할 경우에 과학 기술을 통제할 수 있는 제도적 장치일 것이다. 사회적 합의를 통해 찬성 또는 반대 입장을 도출해 내는 것만으로는 부족하다. 인간 개체 복제에 대해 사회적 차원에서 반대 입장이 도출되었다고 가정해 보자. 그 다음 단계는 인간 개체 복제 기술의 개발과 시행을 통제하는 것이 될 것이다. 반대 입장만 정하고 실제 행동을 취하지 않는다면 그것은 탁상공론이자 무의미한 말싸움밖에 되지 않는다. 통제하기로 한 기술에 대해서는 당연히 제도적인 장치로 통제 내지는 규제해야 한다.

여기서 경계해야 할 것은 기술에 대한 통제가 현실적으로 가능하겠냐는 회의적인 시각이다. 물론 어떤 기술이 가져올 폐해가 크다는 것에 전체 혹은 다수가 공감하더라도 실제로 그 기술을 통제하기란 결코 쉽지 않을 것이다. 그래서 되지도 않을 일에 애를 쓸 필요는 없다는 식의 논리가 공감을 얻을 수 있다. 우리가 경계해야 할 것이 바로 이런 시각이다. 생명공학 기술에 대한 통제 장치를 마련하려는 시도에도 그러한 노력이 시대에 뒤떨어진 것이며 결국에는 실패할 거라는 비웃음이 있다. 이 역시 전혀 틀린 말은 아니다. 어떤 제도적 통제 장치도 완벽하지는 않으며, 특히 기술의 발전 속도에는 가속이 붙기 때문에 대부분의 기술은 거침없이 개발되고 만다. 하지만 그렇다고 해악을 끼칠 기술에 대한 통제를 포기하는 것은 문제의 본질을 놓치는 것이다. 아무리 노력해도 살인 범죄는 일어나니, 살인을 금지하는 법은 없애고 치안도 포기해야 할까? 그렇지 않다.

그렇다고 생명공학 기술을 무조건 통제하자는 뜻은 아니다. 거듭 말하다시피 사회적 합의가 찬성으로 모아진다면 통제는 거둘 수 있다. 그러나 기술에 대한 반대가 합의되었는데도 통제가 어렵다는 이유로 포기하거나 반대조차 거부한다면, 그것은 과학 기술에 인간이 종속되는 결과를 낳을 것이다. 이는 칼이 사람에게 유용하게 쓰일 때도 있으니 사람을 해치는 데 쓰이는 것은 어쩔 수 없다며 방치하는 꼴이며, 운전이 어렵다고 자동차가 멋대로 굴러가도록 내버려 두는 것이나 마찬가지다. 사용자와 주변인들이 다치지 않도록 하기 위해서는 칼에는 칼집을 씌우고 자동차

미국의 총기 범람이 주는 교훈

과학 기술의 통제 문제를 칼집과 자동차 제동 장치에 비유하는 것이 공정하지 않다고 생각하는 독자들도 있을 것이다. 칼에 칼집 씌우기와 자동차에 제동 장치 달기는 우리가 다루는 문제에 비하면 간단하기 때문이다. 그렇다면 이건 어떨까? 여기 적절한 통제책을 마련하지 못해 부작용을 겪고 있는 다른 예가 있다. 바로 미국의 총기 범람이다. 2002년 기준으로 미국의 개인 또는 가정에서 보유하고 있는 총기의 수는 2억 5,000만 정에 달했다. 이 당시 미국 인구가 3억 명 안팎이었음을 볼 때 거의 1인당 1정 꼴이다. 총기가 생활필수품처럼 된 미국에서는 18세 이상이면 허가 없이도 총기를 구입할 수 있기 때문이다. 그리고 매년 3만 명이 총기 사고로 목숨을 잃는 것으로 알려져 있다. 2005년 강도 사건의 78.8퍼센트와 성폭행 사건의 48.7퍼센트에서 총기가 사용되었을 정도다. 그러나 총기 보유를 규제하려는 시도는 번번이 실패하고 있다. 거기에는 아메리카 원주민과의 싸움을 통해 영토를 확장하면서 총기 소유가 습관으로 굳어진 점, 헌법이 총기 소유의 권리를 보장하고 있다는 점, 미국총기협회의 로비가 총기 규제 법안의 통과를 방해하고 있는 점 등 여러 가지 요인이 있다. 그러나 많은 사람들이 만약 미국이 초기에 총기를 규제했더라면 문제는 비교적 쉽게 해결되었을 것이라는 점에 동의한다. 이렇듯 문제가 발생한 후의 대비는 언제나 늦는 법이다.

에는 제동 장치를 달아야 하는 법이다.

어떤 의미에서 우리는 유전자 쇼핑 시대를 향해 달려가고 있는 열차에 탄 승객과 같다. 그 열차를 움직이는 바퀴는 바로 '변화'다. 기술적·사회적 변화의 속도에 따라 우리는 목적지에 빨리 다다를 수도 있고, 매우 늦게 도착할 수도 있다. 가능성은 희박하지만 바퀴가 멈추어 영원히 목적지에 도착하지 못하는 경우도 있을 수 있다. 기술에 대한 통제권을 가진다는 것은 필요하다면 제동 장치를 이용해 바퀴가 돌아가는 속도를 늦출 수 있다는 것이고, 기술에 종속된다는 것은 아무런 제동 장치 없이 그저 달려가는 열차에 멍하니 타고 있는 것을 의미한다.

도착하기 전에 미리 그려 보는 목적지, 유전자 쇼핑 시대의 모습은 우리로 하여금 마냥 즐겁게 목적지를 향해 달려갈 수만은 없게 한다. 인류의 행복을 위한 새로운 도전에 대한 설렘과 더불어, 위험에 대한 두려움 역시 갖게 되기 때문이다. 우리는 지금 이 설렘과 두려움의 경계선에 있다. 여기서 우리가 우선해야 할 일은 생명공학 기술에 대한 지식과 올바른 윤리적 관점을 갖추는 것이다. 그리고 이를 토대로 토론과 합의를 거쳐 올바른 선택을 내리고 그것을 실행으로 옮겨야 할 것이다.

우리는 어디에서 왔는가?
우리는 누구인가?
우리는 어디로 가는가?